DIE STÄRKE

Bibliographie der Weltliteratur

von

Prof. Dr. Max Ulmann

Herausgegeben vom Institut für Ernährung
Potsdam-Rehbrücke
der Deutschen Akademie der Wissenschaften zu Berlin

LIEFERUNG 11

Hauptgruppe 8:
Kolloidchemie der Stärke und der Stärkelösungen

AKADEMIE-VERLAG · BERLIN

1968

Erschienen im Akademie-Verlag GmbH, 108 Berlin, Leipziger Straße 3—4

Lizenznummer: 202 · 100/489/68
Offsetdruck: VEB Druckerei „Thomas Müntzer", 582 Bad Langensalza
Bestellnummer: 3055/11 · ES 20 M 8, 1 E
13,—

Grundeinteilung der Stärkebibliographie

Hauptgruppen 0 bis 9

0. Allgemeines
1. Technologie der Kartoffelstärke
2. Technologie der Getreidestärken und sonstiger Stärkerohstoffe
3. Technologie veränderter Stärken und Stärkeabbauprodukte
4. Verwendungsgebiete der Stärke und Spezialstärkeprodukte
5. Analytische Bestimmung und Untersuchung der Stärke
6. Stärkederivate und spezielle Chemie der Stärke
7. Aufbau und Konstitution der Stärke
8. Kolloidchemie der Stärke und der Stärkelösungen
9. Enzymatische Arbeiten

Hauptgruppe 8 :

Kolloidchemie der Stärke und der Stärkelösungen

80. **Allgemeines**

81. **Physikalisch-chemische Konstanten und Kolloidwirkung der Stärke**

    810. Allgemeines
    811. Dichte, spezifisches Gewicht
    812. Benetzungswärme, spezifische Wärme, Lösungswärme
    813. Spezielle Kolloidwirkungen
    814. Sonstiges

82. **Physikalische Einwirkungen auf Stärke**

    820. Allgemeines
    821. Mechanische Einwirkungen
    822. Ultraschall
    823. Ionisierende Strahlen
    824. Ultraviolett und polarisiertes Licht
    825. Thermische Einwirkungen, $>$Temperatur
    826. Kryolyse, $\angle$ Temperatur
    827. Elektrische Einwirkungen

83. **Eigenschaften von modifizierten Stärken**

    830. Allgemeines
    831. Quellstärken
    832. Lösliche Stärken
    833. Dünnkochende Stärken
    834. Dextrine

84. <u>Stärkelösungen</u>
- 840. Allgemeines
- 841. Lösungsmittel und Löslichkeit
- 842. Lösungsvorgang und Lösungszustand
- 843. Eigenschaften
- 844. Osmotischer Druck, Dampfdruck

85. <u>Stärke-Kleister, -Gele (Filme)</u>
- 850. Allgemeines
- 851. Verkleisterungsvorgang
- 852. Verkleisterungstemperatur
- 853. Kleistereigenschaften
- 854. Stärke-Gele und Gelatinierung
- 855. Stärke-Filme und -Fäden

86. <u>Stabilität und Empfindlichkeit von Stärkesystemen</u>
- 860. Allgemeines
- 861. Suspensionen und Sedimentation
- 862. Alterung (Retrogradation)
- 863. Flockung durch Zusätze
- 864. Flockung durch Enzyme

87. <u>Mechanische Untersuchungen von Stärkesystemen</u>
- 870. Allgemeines
- 871. Viscosität
  - 8711. Allgemeines, Apparate (Viscosimeter), Methodik, Theorie
  - 8712. Suspensionen
  - 8713. Lösungen und Kleister
  - 8714. Konzentration und Viscosität
  - 8715. Einfluß von Elektrolyten und sonstigen Stoffen
  - 8716. Viscosität von Alkalilösungen und sonstigen Lösungsmitteln
  - 8717. Viscosität von Stärkeabbauprodukten
- 872. Konsistenz und Elastizität
- 873. Sonstiges

88. <u>Optische Untersuchungen von Solen und Gelen</u>

880. Allgemeines
881. Lichtstreuung, Trübungsmessungen
882. Strömungsdoppelbrechung
883. Optische Drehung
884. Röntgenographische Untersuchungen
885. Mikroskopische Untersuchungen
886. Polarisation und Depolarisation
887. Sonstiges

89. <u>Elektrochemische und elektrische Untersuchungen</u>

890. Allgemeines
891. Leitfähigkeit
892. Dielektrische Eigenschaften
893. Polarographie
894. Sonstiges

Hauptgruppe 8:

Kolloidchemie der Stärke und der Stärkelösungen

80. Allgemeines

Die neuesten Resultate der Stärkeuntersuchung (in der ungarischen Volksrepublik). Szejtli, J. Szeszipar 11. Nr. 3. 98-102,127 128. (1963). - Ref.J.Chem.(russ.) 1964. 6 R356.

Über die physikalische und Kolloidchemie der Stärke. Nasarow, W.I. Arb.Moskauer technol.Inst.Lebensmittel-Ind.(russ.) 2. 159-72 (1952).

Zur Frage der kolloidchemischen Untersuchung von Stärkekörnern. Nasarow, W.I. Arbeiten der Allunions-Konferenz über Kolloidchem. vom 13-18.6.1950 Kiew.(russ.) 1952. 284-95.

Thermodynamische Eigenschaften von Hochpolymeren. Lipatow, Ss.M., und Mejersson, Ss. Kolloid-J.(russ.) 8. 143-151 (1946).

Studien über Pflanzenkolloide. 48. Über die Bedeutung der nichtpolysaccharidischen Begleitstoffe für die kolloide Zustandsform des Kartoffel- und Mais-Amylopektins. Samec, M. und Zagar, L. Wiener Chemiker Ztg. 46. 25-31 (1943). - Ref.C. 1943. II. 1188.

Grundlagen für eine Kolloidchemie der Amylosen. Samec, M. Kolloid-Z. 100. 106-10 (1942). - Ref.C. 1944. I. 7.

Energien in der Kolloidchemie. Verwey, E.J.W. Chem.Weekbl. 38. 446-47 (1941). - Ref.C. 1942. I. 2111.

Die kolloidale Unterscheidung der Stärke. Houtz, Harold H. Paper Ind. Paper Wld. 23. 819-24 (1941). - Ref.C. 1942. II. 1689.

Die neuere Entwicklung der Kolloidchemie der Stärke. Handbuch der Kolloidwissenschaft in Einzeldarstellungen. Bd. VIII. Samec, M. Verlag Th.Steinkopff, Dresden u. Leipzig 1941. 543 S.

Dispersoide und hochmolekulare Systeme. Dumanski, A.W. Colloid.J. (russ.) 5. 585-604 (1939). - Ref.C. 1940. I. 22.

Beiträge zur allgemeinen Chemie der Kolloid-Kolloidreaktionen. Pauli, Wo. Szper, J. und Szper, St. Trans-Faraday Soc. 35. 1316. (1939). - Ref.C. 1940. I. 3236.

Beiträge zur allgemeinen Chemie der Kolloid-Kolloidreaktionen. Pauli, Wo. und Zentner, H. Trans.Faraday Soc. 35. 1234-39.(1939) - Ref.C. 1940. I. 990.

Kolloidchemie im Dienste der Stärkeforschung. Samec, M. Kolloid-Z. 85. 247-51.(1938). - Ref.C. 1939. II. 622.

Kolloidchemie der Stärke. Nasarow, W.I. Fortschr.Chem.(russ.) 6. 1105-1139.(1937). - Ref.C. 1938. I. 3776.

Die Chemie in flüssigem Schwefeldioxyd. Jander, Gerhart und Wickert, Kurt Z.physik.Chem.Abt.A 178. 57-73. (1936). - Ref.C. 1937. I. 1903.

Das kolloide Verhalten der polymeren Kohlenhydrate : Amylose, Cellulose, Glykogen. Koets, P. Natuurwetensch Tijdschr. 18. 44-54. (1936). - Ref.C. 1936. II. 1863.

Zur Frage der kolloidchemischen Identität der Weizenstärkearten. Kuhlmann, A.G. Z.ges.Getreide-,Mühlen- und Bäckereiwes. 23. 128-30. (1936). - Ref.C. 1936. II. 2249.

Zur Kolloidchemie der Reisstärke und der Reiskochung. III. Sakurada, Ichiro., Kitano, Toshio und Hutino Keiroku. Bull.Inst. physic.chem.Res.Abstr. Tokyo 14. 27. (1935). Sci.Pap.Inst. physic.chem.Res. 27. Nr. 573/75. - Ref.C. 1936. I. 3419.

Stärkearten - eine wissenschaftliche Untersuchung über ihre Kennzeichen. Samec, M. Food Manuf. 10. 318-20. (1935). - Ref.C. 1935. II. 3169.

Zur Kolloidchemie der Reisstärke und der Reiskochung. Sakurada, Ichiro und Hutino, Keiroku. Sci.Pap.Inst.physic.chem.Res. 22. Nr. 448/53. - Ref.C. 1934. I. 2988.

Zusammenfassung über die Kolloid-Chemie der Stärke. Samec, M. in J. Alexander: Colloid Chemistry, Theoretical and Applied, Vol. IV, S.167-86 Chemical Catalog Co.,Inc., New York 1932.

Die Stärke, betrachtet nach unseren kolloidchemischen Kenntnissen des Micellarzustandes. Catoire, M. Ann.Inst.Pasteur 49. 500-37. (1932). - Ref.C. 1933. II. 3412.

Über Kolloidchemie und Stärkeforschung. Wiegel, E. Z.Spiritusind. 54. 303-04. (1931). - Ref.C. 1932. I. 1013.

Die kolloiden Eigenschaften der Stärke als Ausdruck ihrer Konstitution. Samec, M. Arch.Hemiju Farmaciju (Arch.Chim.Pharmac.) 5. 265-80. (1931). - Ref.C. 1932. I. 1080.

Studien über Pflanzenkolloide. XXV. Über Kartoffelstärke aus verschiedenen Varietäten von Solanum tuberosum. Kavčič, J. Kolloidchem.-Beih. 30. 406-15. (1930). - Ref.C. 1930. II. 212.

Zum Mizellarzustand der Stärke. (Bemerkungen zum Buche von M.Samec "Kolloidchemie der Stärke"). Malfitano, G. und Catoire, M. Kolloid-Z. 46. 3-11. (1928). - Ref.C. 1928. II. 2714.

Kolloidchemische Eigenschaften von Stärke in Beziehung zur chemischen Konstitution. Samec, M. in R.P. Walton: A Comprehensive Survey of Starch Chemistry Part 1, S. 51-61. Chemical Catalog Company, New York 1928.

Kolloidchemie der Stärke. Handbuch der Kolloidwissenschaft in Einzeldarstellungen. Samec, M. Dresden: Th.Steinkopff 1927. (XIX, 509 S.) Bd. 2. - Ref.C. 1927. II. 2479.

Quantitative Filtrationsanalyse als dispersoidanalytische Methode. Ostwald, Wo. Kolloid-Z. 36. 46-55. (1925). - Ref.C. 1925. I. 2098,W.Ref. 1333.

Beitrag zur Kenntnis der Stärke. Zwicker, J.J.Lijnst.Rec.trav. chim.Pays-Bas 40. 605-615 (1921)., Ref.C. 1922. III. 835,W.Ref. 600.

Kolloidchemie und Lebensmittelchemie. Ostwald, W. Chemiker-Ztg. 43. 829-31, 849-50. (1919).

Kolloidchemie von Stärke, Gummi, Hemicellulose, Albumin, Casein, Gluten und Gelatine. Stocks, H.B. Brit.Assoc.Advancement Sci., Rep. 1917. 65-97. - W.Ref. 782.

Eine neue Methode zur Gehaltsbestimmung kolloider Lösungen und zur Abwässeruntersuchung. Marc, R. Z.Chem.Ind.Kolloide 11. 195-99. (1912).

Einige Eigenschaften der Stärke vom kolloidchemischen Standpunkt aus betrachtet. Harrison, W. J.Soc.Dyers Colourists 32. 40-44. (1916). - Ref.C.A. 10. 2535 (1916), W.Ref. 778.

Die kolloiden Zustandsänderungen der Stärke. Samec, Max.Int.Z. Biol. 1. 173-88. (1914). - Ref.C. 1914. II. 1145, W.Ref. 767.

Der kolloidale Zustand der Stärke. L'état colloidal de l'amidon. Fouard, E. Laval, Paris 1911.

Einige Gesichtspunkte über die Theorie der Kolloide. Duclaux, J. J.Chim.Phys. 7. 405-446. (1909).

Die Stärke in der Natur und im Laboratorium. Wolff, J. Z.Spiritusind. 31. 137-139 (1908). - Ref.C. 1908. I. 1616, W.Ref. 1382.

81. Physikalisch-chemische Konstanten und Kolloidwirkung der Stärke

810. Allgemeines
811. Dichte, spezifisches Gewicht
812. Benetzungswärme, spezifische Wärme, Lösungswärme
813. Spezielle Kolloidwirkungen
814. Sonstiges

810. Allgemeines

(Physikalische und kolloidchemische Eigenschaften, Vgl. auch "Das Stärkekorn, das Wasser im Stärkekorn": 7153, "Wasseradsorption": 7162, "Quellung": 7154, "Ionenaustausch, Kationenstärke": 7155).

Neue Untersuchungen über die Struktur und die physikalisch-chemischen Eigenschaften der Stärke. Duma, Z. und Wilkoszewska, I. Przegl.Zbozowo-Mynarski 7. 268-71 (1963). - Ref.J.Chem.(russ.) 1964. 19 R284.

Einige physiko-chemische Eigenschaften der Kartoffelstärke. Pałasinski, M. Hodowla Roślin,Aklimatyzacja Nasiennictwo 7. 321-34. (1963).

Vergleichende physikalisch-chemische Untersuchungen der Stärke von gewöhnlichem und von Wachsmais. Nasarow, W.I. und Tesslenko, O. Ss. Hochschulnachr.Nahrungsmittel-Technol.(russ.) 1961. Nr. 1. 7-11. - Ref.C.A. 55. 16849d (1961), Ref.J.Chem.(russ.) 1961. 21 N242, Stärke 14. 30. (1962), C. 1963. 339.

Untersuchungen der physikalisch-chemischen Eigenschaften der Kartoffelstärke. Boguslaw, S. Roczniki Technologii i Chemii Żywności 6. 53-64. (1960).

Der Einfluss des Vorkeimens auf die Eigenschaften der Stärke. Wegner, H. und Winkler, S. Kartoffelbau 11. Nr. 3. Stärkekartoffel 5. Nr. 2. 3-4. (1960).

Untersuchungen über den Einfluss von Keimung und Wachstum der Kartoffel sowie der mineralischen Düngung auf die Eigenschaften von Fruchtsaft und Stärke. Winkler, S. Stärke 12. 175-82 (1960). - Ref.C.A. 54. 21807f (1960), Ref.J.Chem.(russ.) 1961. 7 N340, C. 1961. 5989.

Der Einfluss des Vorkeimens der Kartoffeln auf die Eigenschaften der Stärke. Wegner, H. und Winkler, S. Stärke 11. 277-79. (1959). - Ref.J.Chem.(russ.) 1960. 40493, C. 1960. 6687.

Eigenschaften von Getreidestärken. MacMasters, M.M. und Wolff, I. A. in S.A. Matz: The Chemistry and Technology of Cereals as Food and Feed, S. 569-94. The Avi Publishing Company, Inc., Westport, Conn. 1959.

Die physikochemischen Konstanten von verschiedenen Stärken. Fremel, W.B. und Ruchljadewa, A.P. Bull.wiss.-techn.Informat., wiss.Allunions-Forsch.-Inst.Spiritus-u.Likör-Branntwein-Ind. (russ.) 1958. Nr. 5. 10-19. - Ref.C.A. 55. 2153e (1961).

Vergleich einiger Eigenschaften der Süsskartoffelstärke und Kuzustärke. Suzuki, H., Nagabori, T. und Saito, T. J.technol.Soc. Starch(Japan) 6. 24-26. (1958).

Einige experimentelle Untersuchungen zur physikalischen Chemie der Stärke. Nasarow, W.I., Ssilina, N.P. und Tichomirowa, T.P. Kolloid-J.(russ.) 20. 465-68. (1958). - Ref.C. 1960. 4537, C. A. 52. 21178i (1958), Stärke 12. 221. (1960).

Die jüngsten physikalisch-chemischen Untersuchungen von Stärke. Samec, M. J.Polymer Sci. 23. 801-07. (1957). - Ref.C.A. 51. 11746i (1957), C. 1958. 3337.

Physikalisch-chemische Eigenschaften von Getreide-Stärken. Patel, R.D. und Patel, R.S. J.Indian chem. Soc. ind. News Edit. 19. 131-35. (1956). - Ref.C. 1961. 7968.

Über einige Eigenschaften natürlicher Stärkearten und verflüssigend wirkender Amylasen. Sutra, R. Bull.Soc.Chim.biol. 37. 1123-34. (1955). - Ref.C. 1957. 6174.

Veränderungen der physikalischen Eigenschaften von Milch, Eiweiss und verschiedenen Stärkepräparaten durch Natrium-Salicylat und einige andere Substanzen. Delaunay, A. und Roquefeuil, Catherine de. Rev.Immunol. 19. 46-51. (1955). - Ref.C.A. 49. 9830d (1955).

Änderungen in dem kolloiden Zustand der Stärke in Beziehung zu Wasserstoffbindungen. Samec, M. Vestnik Sloven.Kem.Drustva 1. 3-7. (1954). - Ref.C.A. 48. 11823g (1954), C. 1950/54. 7938 S.

Einflüsse von Bewässerung und Art auf einige physikalisch-chemische Eigenschaften von Gerstenstärke. Banasik, O.J., Harris, R. H. und Scott, G.M. Brewers Dig. 29. 63-64, 66, 68, 70, 85. (1954). - Ref.Stärke 7. 99 (1955), C.A. 49. 5871d (1955), C. 1956. 7103.

Physikalische Eigenschaften von Stärke. French, D. in R.W.Kerr: Chemistry and Industry of Starch. Academic Press Inc.Publishers, New York 1950. S. 157-78.

Die kolloidchemischen Eigenschaften von Stärke und Stärkekörnern im Zusammenhang mit ihrer Struktur. Nasarow, W.I. aus: Kolloide u. Prozesse der Lebensmittelind.(russ.) 2. 55-61 (1949) Moskau Pischtschepromisdat.

Kolloidzustand der Amylose und seine Abhängigkeit von den Elektrolyten. Samec, M. und Ferlan, M. Aus einer spez.Ausgb.der Akad. der Wiss.u.der Kunst, Ljubljana: Kemicne Studije 1947. 19-51.

Kolloidität und Struktur der Stärke. Samec, M. Kolloid-J.(russ.) 8. 359-65 (1946).

Einige die physikalisch-chemischen Eigenschaften der Stärke beeinflussenden Faktoren. Harris, R.H. und Jesperson, E. Food Res. 11. 216-28 (1946).

Über die Durchdringbarkeit der Cellulosefasern. Frey-Wyssling, A. und Speich, H. Helv.chim.Acta 25. 1474-84. (1942). - Ref.C. 1943. I. 851.

Das physikalische Verhalten der Stärke. Schoch, Th.J. Cereal Chem. 18. 121-28 (1941).

Eine Untersuchung der Stärke verschiedener Sorten und Typen von Mais. Tanner, Louise Pickens und Englis, D.T. Food Res. 5. 563-81. (1940). - Ref.C. 1941. II. 546.

Kolloidchemische Eigenschaften der Stärke. Schkodin, A.M. Kolloid-J.(russ.) 5. 411-17. (1939). - Ref.C. 1939. II. 2624.

Über die physikochemischen und enzymatischen Unterschiede zwischen Stärkepräparaten mit verschiedener Jodfarbreaktion. Samec, Max Congr.Chim.ind.Nancy 18. 472-77. (1938). - Ref.C. 1939. II. 3893.

Die grundlegenden Eigenschaften der Stärken. Caesar, G.V. Amer. Dyestuff Reporter 26. 44-45. (1937). - Ref.C. 1937. I. 3243.

Kolloidchemische Eigenschaften der Stärke. Hoeve, J.A.van der Congr.int.techn.chim.Ind.agric.Schéveningue.C.R. 5. II. 250-62 (1937). - Ref.C. 1938. I. 4327.

Einige kolloidchemische Eigenschaften der Stärke. Alexander, Jerome. J.Soc.chem.Ind.,Chem. & Ind. 55. 206-09 (1936). - Ref.C. 1936. I. 4509.

Chemische und physikochemische Untersuchungen an Stärken. Nakamura, Yukihiko, J.Fac.Agric.,Hokkaido Imp.Univ. 38. 2-109. (1935). - Ref.C. 1936. I. 3693.

Sorten- und Gegendverschiedenheiten der Eigenschaften von Weizenstärken. Mangels, C.E. Cereal Chem. 11. 571-85. (1934). - Ref. J. 1935. I. 1460.

Physikalisch-chemische Eigenschaften von Stärke aus glutinösem Reis. Tadokoro, T., Abe, S., Sasaki, Y. und Itami, S. J.agric. chem.Soc.,Japan 10. 211-16 (1934). - Ref.C.A. 28. 7580 (1934).

Unterschiede zwischen einigen chemischen Eigenschaften bei gewöhnlicher und glutinöser Reisstärke. 3.Mitt. Tadokoro, T. J.Fac. Sci.Hokkaido Imp.Univ. 2. 59-79 (1934). - Ref.C.A. 29. 2013 (1935).

Chemische und physikalische Eigenschaften von Süsskartoffelstärke. Thurber, F.H. Ind.Engng.Chem. 25. 565-68. (1933). - Ref.C. 1933. II. 946.

Physico-chemische Eigenschaften von essbaren Canna- und Kartoffelstärken. Ripperton, J.C. Helv.chim.Acta. 15. 43-47 (1932).

Studien über Pflanzenkolloide. XVIII.Mitt. Zur Kenntnis der Weizenstärke. Samec, M. Biochem.Z. 186. 337-59. (1927). - Ref.C. 1927. II. 1337.

Unterschiede zwischen einigen kolloiden und chemischen Eigenschaften von gewöhnlicher und glutinöser Reisstärke.2.Mitt. Tadokoro, T. J.Coll.Agric.Hokkaido Imp.Univ. 16. 91-123. (1926). - Ref. C.A. 21. 518. (1927).

Über die chemisch-kolloidalen Eigenschaften der Bestandteile der Stärke. Samec, M. C.r.d.l'Acad.des Sciences 181. 477-79. (1925) - Ref.C. 1926. I. 883.

Einige physikalisch-chemische Eigenschaften der Stärke. II. Harvey, Ellery H. Amer.J.Pharm. 96. 816-22. (1924). - Ref.C. 1925. II. 862, W.Ref. 1294.

Einige physikalisch-chemische Eigenschaften der Stärke. Harvey, E. H. Amer.J.Pharmacy 96. 752-758. (1924). - Ref.C.A. 19. 415. (1925), C. 1925. I. 390, W.Ref. 1293.

Die Unterschiede zwischen einigen kolloidalen Eigenschaften der gewöhnlichen und der glutinösen Reisstärke. Tadokoro, T., und Sato, S. J.imp.Univ.,Coll.Agric.(Tokyo) 12. 1-65. (1923-24). - Ref.C.A. 17. 3634 (1923), W.Ref. 808.

Studien über die Pflanzenkolloide. 9. Zur Kenntnis verschiedener Stärkearten. Samec, M. und Härdtl, H. Kolloidchem.Beih. 12. 281-300 (1920). - Ref.C.A. 14. 2728 (1920), C. 1920. III. 460, W.Ref. 592.

Physico-chemische Untersuchungen über das Glykogen. Botazzi, F. und D'Errico, G. Pflüger's Arch.ges.Physiol.Menschen Tiere 115. 359-85 (1906).

Über die Modifikationen der physikalischen Eigenschaften der Stärke. (Auszug). Musculus, F. C.R.hebd.Séances Acad.Sci. 88. 612-13 (1879). - Ref.C. 1879. 325, W.Ref. 1202.

811. Dichte, spezifisches Gewicht

(Vgl. auch "Stärkebestimmung von Kartoffeln und Ausbeuteberechnung": 192)

Bestimmung der absoluten Dichte. Luftverdrängung. Smith, R.J. in: Whistler, R.L. u.a., Methods in Carbohydrate Chem. Vol.IV., Academic Press 1964. S. 103-106.

Bestimmung der absoluten Dichte. Flüssigkeitsverdrängung. Schoch, T.J. und Leach, H.W. in: Whistler, R.L. u.a., Methods in Carbohydrate Chem. Vol.IV., Academic Press 1964. S. 101-103.

Feuchtigkeitsverhältnisse der Cellulose. 6.Mitt. Das spezifische Volumen von Cellulose und Übergangstemperatur. Wahba, M. und Aziz, K. J.Textile Inst.,Trans. 53. T291-T307 (1962). - Ref.C. 1963. 10698.

Sedimentationsanalyse der makromolekularen Stoffe. Sponar, J.Chem. Listy 55. 319-83 (1961). - Ref.C. 1962. 11385.

Über die Dichte von Kartoffelstärke. Isleib, D.R. Amer.Potato J. 35. 428-29. (1958). - Ref.C. 1962. 1823.

Dichte-Messungen an Stärke. Pettit, G.A. J.Instr.Soc.Amer. 1. Nr. 6. 13-14. (1954). - Ref.C.A. 49. 653f (1955).

Die Nettodichte von Stärke. Takei, Bunsuke.Mem.Coll.Sci.,Kyoto Imp.Univ.Ser.A. 18. 169-172. (1935). - Ref.C. 1936. I. 455.

Das spezifische Gewicht verschiedener Stärkearten. Parow, E. Z.Spiritusind. 30. 432. (1907). - Ref.C. 1907. II. 1606, W.Ref. 1239.

Versuche zur Bestimmung der Dichte von Kartoffelstärke mit verschiedenem Wassergehalt (Auszug). Brown, H.T. Z.Spiritusind. 27. 419-20 (1904).

Das specifische Gewicht der Stärke. (Auszug). Brown, H.T. Wagner's Jber.chem.Technol. 50. 222. (1904). - W.Ref. 1233.

Über das specifische Gewicht des Amylums. Flückiger, F.A. Z.analyt.Chem. 5. 302-306. (1866). - W.Ref. 1196.

812. Benetzungswärme, spezifische Wärme, Lösungswärme

(Vgl. auch "Das Stärkekorn, das Wasser im Stärkekorn": 7153, "Wasseradsorption": 7162, "Quellung": 7154)

Die Hydratation der Stärke. 4.Mitt. Die Abhängigkeit der Sorptionswärme der Stärke von ihrer Hydratation. Schierbaum, F. und Täufel, K. Stärke 14. 233-38. (1962). - Ref.C. 1963. 6049, Ref.J. Chem.(russ.) 1963. 4 R253, C.A. 58. 1622d (1963).

Sorption von Wasserdampf durch hydrophile Hochpolymere. 1.Mitt. Sorptionsisotherme und Benetzungswärme von Stärke, Agar und Gelatine. Dumanski, A.W. und Nekrjatsch, Je.F. Ukrain.chem.J. (russ.) 26. 289-98 (1960). - Ref.C. 1963. 15074.

Untersuchung der Wärmekapazität von Stärkeschlempe. Konstantinow, S.M. Hochschulnachr.Nahrungsmittel-Technol.(russ.) 1960, 94-98.

Über die spezifische Wärme und das gebundene Wasser in Pflanzen. Kleschin, A.F., Schulgin, I.A. und Bokowaja, M.M. Ber.Akad. Wiss.UdSSR(russ.) 122. 940-43. (1958). - Ref.C. 1959. 12279.

Benetzungswärme und Hydrophilität einiger natürlicher Hochpolymerer. Dumanski, A.W. und Nekrjatsch, Je.F. Kolloid-J.(russ.) 17. 171-72. (1955).- Ref.C. 1956. 5203, C.A. 49. 14433c (1955).

Benetzungswärme und gebundenes Wasser. Dumanski, A.W. und Nekrjatsch, Je.F. Kolloid-J.(russ.) 17. 168-70 (1955). - Ref.C. 1966. 5203, C.A. 49. 14433b (1955).

Die Untersuchung von Stoffen auf ihre Neigung zur Selbsterhitzung ("Brüten"). Groeneveld, F. und Knaup, J.B. Chem.Weekbl. 50. 177-84 (1954). - Ref.C. 1954. 9875.

Benetzungswärme von Polysacchariden. III. Benetzungswärme von acetylierten und methylierten Polysacchariden. Nakagawa, Toshio Bull.chem.Soc.Japan 26. 227-28 (1953). - Ref.C.A. 48. 1462g (1954), C. 1956. 1328.

Benetzungswärmen von Polysacchariden. 1.Mitt. Benetzungswärmen von verschiedenen Polysacchariden. Nakagawa, T. Bull.chem.Soc.Japan 25. 169-71 (1952). - Ref.C. 1954. 5539.

Benetzungswärme und Hydrophilität von dispersen Systemen. Dumanski, A.W. Kolloid.J.(russ.) 12. 319-25 (1950). - Ref.C. 1951.I. 3462.

Benetzungs- und Quellungswärmen. Dumanski, A.W. Ber. Akad.Wiss. UdSSR (russ.) 64. 537-40. (1949). - Ref.C. 1950. I. 300.

Die Lyophilität der dispersen Systeme. 2.Mitt. Die Benetzungswärme der Stärke, Gelatine, des Agars und Siliciumhydrids mit Wasser und Alkohol. Dumanski, A.W., Meshenny, Ja.F. u. Nekrjatsch, Je.F. Kolloid-J.(russ.) 10. 103-11 (1948).

Die Lyophilität der dispersen Systeme. 1.Mitt. Benetzungswärme. Dumanski, A.W., Meshenny, Ja.F. und Nekrjatsch, J.F. Kolloid-J. (russ.) 9. 355-66 (1947). - Ref.C.A. 43. 6041b (1949).

Calorimetrische Messungen der Hydratationswärmen von Stärken. Schrenk, W.G., Andrews, A.C. und King, H.H. Ind Engng.Chem.ind, Edit. 39. 113-16. (1947). - Ref.C. 1947. 459.

Benetzungswärme von Stärke in nicht leitenden Lösungen. Altow, A. I. Kolloid-J.(russ.) 6. 735-38. (1940). - Ref.C. 1941. II.1139.

Die Abhängigkeit der Benetzungswärme von der Feuchtigkeit des Pulvers. Andrianow, P.I. Z.Pflanzenernährg.Düng.Bodenkunde Abt.A. 33. 12-17. (1934). - Ref.C. 1934. I. 3188.

Die Hydratationswärme von Weizenmehl und Weizen-, Reis- und Kartoffelstärke. Winkler, C.A. und Geddes, W.F. Cereal Chemistry 8. 455-75. (1931). - Ref.C. 1932. I. 1170.

Die spezifische Wärme und Befeuchtungswärme des Dextrins. Sprockhoff. Z.Spiritusind. 45. 217 (1922). - Ref.C.A. 17. 2073 (1923), C. 1922. IV. 898, W.Ref. 1284.

Studien über spezifische Wärme. Padoa, M. Gazz.chim.ital. 50. II. 312-317 (1921). - Ref.C. 1921. II. 588.

Studie über spezifische Wärme. Padoa, M. Atti Reale Accad.naz. Lincei,Rend. 29. Ser.5; Sem.2; 198-202 (1920). - Ref.C.A. 15. 1844 (1921), C. 1921. III. 588, W.Ref. 1271.

Beziehung zwischen dem thermischen Effekt, welche das Eintauchen trockner, pulverförmiger Stoffe in Flüßigkeiten begleitet, und der Fähigkeit dieser letzteren, assoziierte Molekeln zu bilden. Gaudechon, H. C.r.d.l'Acad.des Sciences 157. 209-11. (1913). - Ref.C. 1913. II. 1113, W.Ref. 1250.

Über die Quellungswärme der Stärke und des Malzschrots. Hoffmann, J.F., und Philippe, M. Wschr.Brauerei 22. 71-72 (1905). - Ref. C. 1905. I. 1118, W.Ref. 1236.

Die Berechnung der Verbrennungswärme mittels der Elementarzusammensetzung. Voit, E. Z.Biol. 44. 345-361 (1903). - Ref.C. 1903. I. 894, W.Ref. 1232.

Zur Methodik der Bestimmung der Benetzungswärme des Ackerbodens. 2.Mitt. Mitscherlich, A. Landwirtsch.Jb. 31. 577-604 (1902).

Die spezifische Wärme der Weizenstärke als Funktion ihres Wassergehaltes und der Temperatur. Rodewald, H., und Kattein, A. Z.physik.Chem. 33. 540-544 (1900). - Ref.C. 1900. II. 180, W. Ref. 1226.

Über den Wärmewert von Kohlenhydraten, mehrsäurigen Alkoholen und Phenolen. Stohmann, F., und Langbein, H. J.prakt.Chem. 45. 305-356 (1892). - W.Ref. 1216.

Über die beim Benetzen pulverförmiger Körper auftretende Wärmetönung. Meissner, F. Ann.Phys.Chem. 29. 114-131 (1886). - W.Ref. 1209.

Verbrennungs- und Bildungswärme von Zuckern, Kohlenhydraten und mehratomigen Alkoholen. Berthelot und Vieille. C.R.hebd.Séances Acad.Sci. 102. 1284-1286 (1886). - W.Ref. 1208.

Calorimetrische Untersuchungen. Stohmann, F. J.prakt.Chem. (2) 31. 273-306 (1885).

Über die Wärmeentwicklung bei der Quellung und Lösung der Kolloide. Wiedemann, E., und Lüdeking, Ch. Ann.Phys.Chem. 25. 145-153 (1885). - W.Ref. 1207.

Über die Verbrennungswärme organischer Verbindungen. Rechenberg, C.von. J.prakt.Chem. 22. 1-45 (1880). - Ref.C. 1880. 514-515, W.Ref. 1205.

813. Spezielle Kolloidwirkungen

(Vgl. auch "Stärke als sonstiges Hilfsmittel": 48)

Einfluss der Gegenwart einiger Kohlenhydrate auf die Fällung von Aluminiumhydroxyd aus einer Natriumaluminatlösung. Sato, T. Naturwissenschaften 45. 184 (1958). - Ref.C.A. 52. 17904g (1958)

Der Einfluß von Kolloiden auf die Kristallisation von Gips. Korolkow, I.I. und Tjagunowa, S.A. Hydrolysen- u.holzchem.Ind.(russ.) 9. Nr. 8. 8-9 (1956). - Ref.C.A. 51. 7090h (1957).

Ausfällung von Aluminiumhydroxyd durch Aluminat-Lösungen in Gegenwart höherer Alkohole und Stärke. Icecovic, H., Vrbaski, T. und Pavlovic, D. Croat.Chem.Acta 28. 101-05 (1956). - Ref.C.A. 50. 16507d (1956).

Molekulare Siebeigenschaften von Stärke. Lindqvist, B. und Storgards, T. Nature (London) 175. 511-12 (1955). - Ref.Stärke 7. 222 (1955), C.A. 49. 12024f (1955), C. 1956. 10024.

Goldzahlenuntersuchungen sowie einige Beobachtungen über Sensibilisierung und Schutzwirkung. Williams, H.B. und Chang, L.T. J.physic.Colloid Chem. 55. 219-25 (1951). - Ref.C. 1952. 2303.

Der Einfluss der hydrophilen Kolloide auf die Lösungsgeschwindigkeit von Metalloxyden in Säuren. Berg, Ju.N. und Wischnjakow,M. N. Colloid J.(russ.) 6. 71-77. (1940). - Ref.C. 1940. II. 2280.

Einfluss gewisser Kohlenhydrate auf die Grenzflächenspannung zwischen Wasser und Clyclohexan. Matthews, J.B. Trans Faraday Soc. 35. 1113-22. (1939). - Ref.C. 1940. I. 2457.

Nitratreduktion durch Sonnenlicht. Fazal-Ud-Din. Indian J.agric. Sci. 6. 844-54 (1938). - Ref.C. 1938. II. 2825.

Die kolloidchemischen und waschtechnischen Eigenschaften hydratisierbarer Kolloide im Vergleich mit der Seife. Lindner, Kurt Fette u. Seifen 44. 47-51. (1937). - Ref.C. 1937. II. 2453.

Über den Einfluss hydrophiler Kolloide auf den Basenaustausch von Silicaten. Sauer, E. und Ruppert, W. Kolloid-Z. 78. 71-82. (1937). - Ref.C. 1937. I. 2941.

Oxydation von Ammoniumsulfitlösungen. Wartman, Frank S. U.S.Dep. Interior.Bur.Mines Rep.Invest. 3339. 47-51. (1937). - Ref.C. 1937. II. 1107.

Die Polymerisation von Butadien in Emulsionen. II. Die Wirkung der kolloidchemischen Faktoren. Beresan, K., Dobromysslowa, A. und Dogadkin, B. Nachr.Akad.Wiss.SSSR, Ser.Chem(russ.) 1936. 409-22 . - Ref.C. 1937. I. 3723.

Über den Einfluss der "Beimengungen" auf die Verteilung der isomorphen Substanzen bei ihrer Krystallisation. Tschirkow, S.K. und Schnee, M.S. Kali (russ.) 5. Nr. 9. 25-28. (1936). - Ref.C. 1937. II. 3500.

Über die in verschiedenen anorganischen und organischen Medien gebildeten $PbCrO_4$-Krystalle. Matsumoto, N. J.Soc.chem.Ind., Japan [Suppl.] 39. 180B (1936). - Ref.C. 1937. I. 3922.

Eine Bemerkung über den Einfluss lyophiler Kolloide auf die Benetzbarkeit von Naphthalin. Chatterji, A.C. Proc.Nat.Acad.Sci. India 6. 343-47. (1936). - Ref.C. 1937. II. 1962.

Die kolloidchemischen und waschtechnischen Eigenschaften hydratisierbarer Kolloide im Vergleich mit der Seife. II. Das Emulgierungsvermögen der Kolloidlösungen. Lindner, Kurt. Fette u. Seifen 43. 253-56. (1936). - Ref.C. 1937. II. 15.

Die kolloidchemischen und waschtechnischen Eigenschaften hydratisierbarer Kolloide im Vergleich mit der Seife. Lindner, Kurt Fette u. Seifen 43. 214-18. (1936). - Ref.C. 1937. II. 156.

Sensibilisierung und Schutzwirkung von Stärke gegenüber negativen Solen. de Smet, M. Natuurwetensch.Tijdschr. 18. 118-22. (1936). - Ref.C. 1936. II. 1863.

Über die Auflösung von Metallen in Säuren. Schunkert, Maria. Z.physic.Chem.Abt. A 167. 19-28. (1933). - Ref.C. 1934. I. 996.

Untersuchungen über die Schutzwirkung von Kolloiden. I. Teil. Ionenadsorption bei der Koagulation von geschützten Solen. Joshi, Shridhar Sarvottam und Rao, A.Joga. J.Indian.chem.Soc. 10. 237-46. (1933). - Ref.C. 1933. II. 2958.

Über die Bindung der Bikolloide. XII. Mitt. Aggregation der Gelatine. Przylecki, St.J.v. und Targonska, J. Biochem.Z. 255. 406-19. (1932). - Ref.C. 1935. I. 1399.

Über die Elektrolytkoagulation von Kupferoxydsol bei Gegenwart von Stärke. Breindl, H. und Söllner, K. Kolloid.Z. 59. 331-35 (1932) . - Ref.C. 1932. II. 989.

Mehrwertige Oxyverbindungen bei der Synthese elektronegativer Sole. VII.Mitt. Bildung des Eisenoxydhydratols in Gegenwart polymerer Kohlehydrate. Dumanski, A. und Putschkowski, B.S. J.Russ. phys.-chem.Ges.(russ.) 62. 2249-59. (1930). - Ref.C. 1931. II. 1393.

Über die hemmende Wirkung der Stärke und die Geschwindigkeit der Elektrolytkoagulation des Goethitsols. Freundlich, H. und Greensfelder, B.S. Kolloid-Z. 48. 318-26. (1929). - Ref.C. 1929. II. 2869.

Über den Lösungszustand von Kupfer und Eisen in alkalischem Medium bei Gegenwart hydroxylhaltiger organischer Substanzen. Goldschmidt, P., Weingardt, E. u. Bachmann, W. Kolloid-Z. 47. 49-55. (1929). - Ref.C. 1929. I. 1544.

Verhalten von Aluminium gegen Alkalien bei Gegenwart von Schutzkolloiden. - , Metallbörse 19. 2078-79. (1929). - Ref.C. 1929. II. 2933.

Schutz der kolloiden Lösungen. Boutaric, A. J.Chim.physique 25. 120-41. (1928). - Ref.C. 1928. I. 2238.

Einfluss einiger kolloidaler Stoffe auf die Geschwindigkeit der Absorption von Kohlensäure durch Lösungen von neutralem Natriumcarbonat. Riou, Paul und Lortie, Léon. Comp.rend.Acad.Sciences 186. 1543-46. (1928). - Ref.C. 1928. II. 629.

Die katalytischen Erscheinungen bei der Auflösung des Zinks in Säuren. Centnerszwer, M. und Straumanis, M. Ztschr.f.physik. Chem. 118. 415-37. (1925). - Ref.C. 1926. I. 1925.

Der Einfluss kolloider Lösungen auf die Elektrocapillarität des Quecksilbers. Sanders, K. Rec.trav.chim.Pays-Bas 44. 480-87. (1925). - Ref.C. 1925. II. 1346, W.Ref. 1303.

Einfluss von Kolloiden auf die Geschwindigkeit von Reaktionen, bei denen Gase entwickelt werden. 1.Mitt. Zersetzung von Hydroxylamin bei Gegenwart von kolloidalem Platin. Findlay, Alexander und Thomas, William J.chem.Soc.(London) 119. 170-176 (1921). - Ref.C. 1921. I. 825, W.Ref. 1274.

Der Einfluß gelöster Substanzen auf die Krystallisationsgeschwindigkeit des Wassers. III. Weitere Beweise, daß die Existenz von Hydraten in Lösung den verlangsamenden Einfluß der gelösten Substanz auf die Krystallisationsgeschwindigkeit des Wassers erklärt. Brann, A. J.Amer.chem.Soc. 40. 1168-1184 (1918). - Ref. C. 1919. I. 74, W.Ref. 786.

Die Lösbarkeit des Kohlendioxyds in Wasser in Gegenwart von Stärke. Findlay, A. und Howell, O.R. J.Chem.Soc.(London) 107. 282-84. (1915). - Ref.C. 1915. I. 1201, W.Ref. 1262.

Geschwindigkeit der Entwicklung von Gasen aus übersättigten Lösungen. Teil II. Kohlendioxyd in Lösungen von Gelatine und Stärke. Findlay, A. und King, George J.Chem.Soc.(London) 105. 1297-1303. (1914). - Ref.C. 1914. II. 469, W.Ref. 1256.

Über die Messung der Schutzwirkung von Schutzkolloiden. Groh, J. Z.physik.Chem. 88. 414-418 (1914). - Ref.C.A. 9. 7 (1915), C. 1914.II. 1295, W.Ref. 1257.

Geschwindigkeit der Entwicklung von Gasen aus übersättigten Lösungen. Teil I. Einfluß von Kolloiden und Kohlesuspensionen auf die Entwicklung von Kohlendioxyd. Findlay, A. und King, George J.Chem.Soc.(London) 103. 1170-93 (1913). - Ref.C. 1913. II. 1095, W.Ref. 1249.

Studien über Schutzkolloide. Erste Reihe: Stärke als Schutzkolloid. II.Mitt. Über kolloides Gold. Gutbier, A. und Weingärtner, E. Kolloidchem.Beih. 5. 244-68. (1913). - Ref.C. 1914. I. 1333.

Studien über Schutzkolloide. Erste Reihe: Stärke als Schutzkolloid. I.Mitt. Über kolloides Silber. Gutbier, A. und Weingärtner, E. Kolloidchem.Beih. 5. 211-43. (1913). - Ref.C. 1914. I. 1333, W.Ref. 1251.

Einfluss von Kolloiden und suspendierten Stoffen auf die Lösbarkeit von Gasen im Wasser. Findlay, A. und Creighton, H.J.M. J.chem.Soc.(London) 536 (1910).

814. Sonstiges

Spezifität des Diffusionsverhaltens gelöster Stoffe in Systemen mit Wasserstoffbindungen. Horowitz, S.B. und Fenichel, I.R. J.physic.Chem. 68. 3378-85 (1964). - Ref.C.A. 62. 68c (1965).

Diffusion. Foster, J.F. in: Whistler, R.L. u.a. Methods in Carbohydrate Chem. Vol.IV., Academic Press 1964. S. 189-191.

Wirbelschichtbildung von feinen Stärkepulvern. Ravindram, M., Bhat, G.N. und Kuloor, N.R. Indian J.Technol. 1. 204-07 (1963). - Ref.C. 1964. 20-2781, C.A. 59. 6601a (1963), Ref.J.Chem. (russ.) 1964. 5 R335.

Die Farbe der Stärke. Chemische Prozesse welche eine Färbung bedingen. Yamada, S. Kagaku,Chem.(Japan) 17. 758-60 (1962). - Ref.J.Chem.(russ.) 1963. 10 R282.

Versuche zur Filtration einer Stärkesuspension. Hersiczky, A. und Simonyinė, S.J. Erjedėsipari kutatóint.közl.(Budapest) 1959. - Ref.J.Chem.(russ.) 1960. 94197.

Die Fliesseigenschaften von Stärkepulvern und Mischungen. Craik, D.J. J.Pharmacy Pharmacol. 10. 73-79 (1958). - Ref.C.A. 52. 8688g (1958), C. 1962. 13124.

Die Fließeigenschaften von Pulvern unter feuchten Bedingungen. Craik, D.J. und Miller, B.F. J.Pharmacy Pharmacol.Suppl. 10. 136T-43T (1958). - Ref.C. 1960. 8602.

Die Benetzung von Polymeroberflächen. 2.Mitt. Kontaktwinkel von Flüssigkeiten an Estern und Äthern von Amylose und Amylopektin. Scholz, J.J., Ray, B.R. und Anderson, J.R. J.physic.Chem. 62. 1227-30, 1608 (1958). - Ref.C. 1959. 10483, C.A. 53. 2739f (1959).

Die Benetzung von Polymeroberflächen. 1.Mitt. Kontaktwinkel von Flüssigkeiten an Stärke, Amylose, Amylopektin, Zellulose und Polyvinylalkohol. Ray, B.R., Anderson, J.R. und Scholz, J.J. J.physic,Chem. 62. 1220-27, 1608 (1958). - Ref.C. 1959. 10482, C.A. 53. 2739c (1959).

Über Kolloidmembranen als Dialysatoren. Berczeller, L. Biochem.Z. 90. 302-304 (1918). - W.Ref. 938.

Kolloidstudien mit der Filtrationsmethode. Bechhold, H. Z.physik. Chem. 60. 257-318 (1907). - Ref.C.A. 1. 2762 (1907), C. 1907. II. 1374, W.Ref. 1238.

Über eine teilweise Abspaltung der Konstituenten einer Lösung während der Ausdehnung durch Temperaturanstieg. Mallet, J.W. Chem.News 56. 146-147 (1887). - W.Ref. 1211.

82. Physikalische Einwirkungen auf Stärke.

0 Allgemeines
1 Mechanische Einwirkungen
2 Ultraschall
3 Ionisierende Strahlen
4 Ultraviolett und polarisiertes Licht
5 Thermische Einwirkungen, Temp.
6 Kryolyse, Temp.
7 Elektrische Einwirkungen

820. Allgemeines

Verflüssigung von Stärkepulver. A.E. Staley Mfg.Co. (Erfinder: Fredrickson, R.E.C.). A.P. 3 003 894 vom 17/9. 1959., ausg. 10/10. 1961. - Ref.C. 1963. 8366, Ref.J.Chem.(russ.) 1962. 24 N482.

Über den Einfluss verschiedener physikalischer Behandlungen auf die amyloklastische Empfindlichkeit von Stärke. Volz, Frances E. und Ramstad, P.E. Food Res. 17. 81-92 (1952). - Ref.C.A. 46. 11730h (1952), C. 1956. 3716.

821. Mechanische Einwirkungen

(Pfropfcopolymerisation in Kugelmühle vgl."Pfropfcopolymere": 682)

Untersuchung des mechanischen Abbaus von Polysacchariden mittels der Methode der paramagnetischen Elektronenresonanz. Abagjan, G.W. und Rutjagin, P.Ju. Hochmolekulare Verbind.(russ.) 7. 1410-14 (1965). - Ref.C.A. 63. 15085d (1965).

Die optimalen Bedingungen des Prozesses der Depolymerisation von hochdispersem Stärkepulver in einer fluidisierenden Schicht. Ravindram, M., Bhat, G.N. und Kuloor, N.R. Indian J.Technol. 2. 384-85 (1964). - Ref.J.Chem.(russ.) 1965. 15 R289, C.A. 62. 9338a (1965), C. 1966. 6-3019.

Kinetik der Depolimerisation von Stärkekörnern in Wirbelschichten. Ravindram, M., Bhat, G.N. und Kuloor, N.R. Indian J.Technol. 2. 77-80 (1964). - Ref.J.Chem.(russ.) 1965. 2 R205, C.A. 61. 2039g (1964).

Kinetik der Depolymerisation von feinem Stärkepulver in der Wirbelschicht. Ravindram, M., Bhat, G.N. und Kuloor, N.R. Indian J. Technol. 1. 413-19 (1963). - Ref.C. 1965. 4-2871, Ref.J.Chem. (russ.) 1964. 20 R291, Stärke 17. 365 (1965).

Der mechanische Abbau von Polysacchariden in Gegenwart von Schwefelsäure. Tschalow, N.W. Hydrolysen- u.Holzchem.-Ind.(russ.) 15. Nr. 7. 4-7 (1962).

Der mechanochemische Abbau von Stärke, Amylose und Amylopektin durch Schwingmahlung. Augustat, S. und Grohn, H. Stärke 14. 39-49 (1962). - Ref.C.A. 57. 6190i (1962), C. 1963. 1488.

Die mechanochemische Modifizierung von Hochpolymeren. Ceresa, R.J. J.Polymer Sci. 53. 9-15 (1961). - Ref.C. 1962. 11942.

Eine Adsorptionsmethode zur Bestimmung der spezifischen äusseren Oberfläche von Cellulosesuspensionen beim Mahlprozess. Winetzkaja, Je.Ja. Papier-Ind.(russ.) 33. Nr. 4. 6-9 (1958). - Ref.C. 1959. 339.

Die mechano-chemische Depolymerisation von Kartoffelstärke durch Schwingmahlung. Grohn, H. und Augustat, S. J.Polymer Sci. 29. 647-661 (1958). - Ref.C.A. 53. 1795b (1959), Stärke 11. 21 (1959), C. 1961. 3676.

Die mechano-chemische Depolymerisation von Kartoffelstärke durch Schwingmahlung. Augustat, S. Ernährungsforschung 3. 81-90 (1958). - Ref.C.A. 52. 19198c (1958), Stärke 10. 212 (1958), C. 1959. 328.

Über die Folgeerscheinungen einer mechanischen Zerstörung des Stärkekornes. Ulmann, M. Ernährungsforschung 1. 284-303 (1956). - Ref.C. 1958. 2182, Stärke 10. 266 (1958).

Adiabatische Kompressibilität von Polysaccharid-Lösungen. Ito, K. J.chem.Soc.Japan 77. 1594-95 (1956). - Ref.C.A. 51. 10196f (1957).

Über die Chemie aktiver Moleküle, die bei mechanischem Abbau von Polymeren entstehen. Berlin, A.A. Ber.Akad.Wiss.UdSSR(russ.) 110. 401 (1956).

Der Einfluß einer mechanischen Bearbeitung auf einige Eigenschaften der Stärke. Bessonow, Ss.M. und Kalinina, M.M. Fragen d.Ernähr.(russ.) 11. Nr. 1. 72-78 (1952).

Die physikalisch-chemischen Eigenschaften von mechanisch dispergierter Stärke. Lipatow, Ss.M. und Schilman, M.Ss. Arbeiten der Allunions-Konferenz über Kolloidchem. vom 13-18.6.1950 Kiew (russ.) 1952. 272-83.

Abbau von Stärke durch einen Hochdruckstrahl. Kiyama, R. und Kinoshita, H. Rev.Phys.Chem.Japan 22. 18-21 (1952). - Ref.C.A. 47. 6164f (1953), Stärke 5. 254 (1953).

Die Fraktionierung von Kartoffelstärke. 1.Mitt. Der Mahlprozess. Lampitt, L.H., Fuller, C.H.F. und Goldenberg, N. J.Soc.chem. Ind. 66. 417-21 (1947).

Die Fraktionierung der Weizenstärke. I. Der Mahlvorgang. Lampitt, L.H., Fuller, C.H.F. und Goldenberg, N. J.Soc.chem.Ind. 60. 1-6. (1941). - Ref.C. 1941. II. 2504.

Über das Verhalten von Stärkelösungen bei extrem hohen Verschiebungsgeschwindigkeiten. Seck, W. und Fischer, G. Kolloid-Z. 90. 51-58. (1940). - Ref.C. 1940. I. 2081.

Mechanische Zerstörung und Dispergierung von Stärke. Brandenburger, H. Textile Manufacturer 1938. 396.

Körnchenzerkleinerung von Maisstärke. Taylor, T.C. und John V.Keresztesy Ind.Engng.Chem. 28. 502-05. (1936). - Ref.C. 1936. II. 1264.

Der Abbau von Tuberkuloprotein, Stärke und Gelatine durch trockenes Vermahlen. Boissevain, C.H. Amer.Rev.Tubercul. 31. 542-46. (1935). - Ref.C. 1935. II. 2077.

Die mechanische Zertrümmerung von Stärke und ihr Abbau durch Amylase. Lüers, Heinrich und Lechner, Richard.Wschr.Brauerei 50. 9-11. (1933). - Ref.C. 1933. I. 3014.

Zu dem Problem "Mechanischer Abbau der Stärke". Jochum, K. Melliand Textilber. 14. 500. (1933). - Ref.C. 1933. II. 3359.

Zu dem Problem "Mechanischer Abbau der Stärke". Feibelmann, R. Melliand Textilber. 14. 196-97. (1933). - Ref.C. 1933. I. 3819.

Der "mechanische" Abbau der Stärke. Schmidt, Alfred.Melliand Textilber. 13. 532. (1932). - Ref.C. 1933. I. 155.

Der "mechanische" Abbau der Stärke. Neumann, G. Melliand Textilber. 13. 361. (1932). - Ref.C. 1933. I. 155.

Der "mechanische" Abbau der Stärke. Schmidt, Alfred.Melliand Textilber. 13. 360-61. (1932). - Ref.C. 1932. II. 1548.

Der "mechanische" Abbau der Stärke. Neumann, Günther.Melliand Textilber. 13. 251-52. (1932). - Ref.C. 1932. II. 1097.

Dispergieren hochmolekularer Stoffe. Grohn, Hans und Grohn, Walter D.R.P. 592 712 Kl.50c vom 8/12.1931,ausg.15/2.1934. - Ref.C. 1934. I. 2630.

Die Wirkung trockenen Mahlens auf Gele. Alsberg, C.L. und Griffing, E.P. Proc.Soc.exp.Biol.and Med. 23. 142-43. (1926) . - Ref.C. 1926. II. 1104.

Untersuchungen über Stärke. Alsberg, C.L. Ind.Engng.Chem. 18. 190-93. (1926). - Ref.C. 1926. I. 2982.

Weitere Studien über die Wirkung feinen Mahlens auf Stärkekörner. Alsberg, C.L., und Perry, E.E. J.biol.Chemistry 63. lxvii-lxvii (1925). - Ref.C.A. 19. 3612 (1925), W.Ref. 818.

Der Einfluss des Vermahlens auf Stärke und Stärkekleister. Alsberg, C.L. und Perry, E.E. Proc.Soc.exp.Biol.Med. 22. 60-61 (1924).

Die Wirkung feinen Mahlens auf Mehl. Alsberg, C.L. und Griffing, E.P. Cereal Chem. 2. 325-344 (1925). - Ref.C.A. 20. 1283 (1926), W.Ref. 817.

822. Ultraschall

Beeinflussung von Stärkesubstanzen durch Ultraschall. Samec, M. Stärke 15. 243-45 (1963). - Ref.C. 1964. 16-2700, Ref.J.Chem. (russ.) 1964. 5 R327.

Zerfall der Saccharose-, Glucose- und Fruktose-Moleküle im Ultraschallfeld. Buchnea, D. Z.Zuckerind. 11. 197-203 (1961).

Über den Mechanismus der oxydierenden Wirkung von Ultraschall. Lewinson, M.Ss. und Kowrow, B.G. Nachr.Sibir.Abt.Akad.Wiss. UdSSR (russ.) 1960. Nr. 12. 67-77.

Über die chemische Wirkung von Ultraschallwellen auf Makromoleküle. Elpiner, I.E. Fortschr.Chem.(russ.) 29. 3-22 (1960).

Ultraschallabbau von Polystyrol. 2.Mitt. Experimentelles. Gooberman, G. und Lamb, J. J.Polymer Sci. 42. 35-48 (1960). - Ref.C. 1960. 12012.

Der Debye-Effekt in elektrolytischen und kolloidalen Lösungen in hochfrequenten Schallfeldern. Carrelli, A., Cozza, G. und Gaeta, F. Nuovo Cimento (10) 11. 139-41 (1959). - Ref.C. 1963. 11541.

Untersuchung der Akkumulation und Beständigkeitszeit von Ultraschall-Streifengittern an Stärkesuspensionen in Flüssigkeiten. Rao, B.R. und Krishnamurty, C. Nuovo Cimento (10) 11. 212-19 (1959). - Ref.C. 1965. 28-1054.

Über die Wirkung von Ultraschall auf Stärkekörner. Ohm, U. und Metzner, P. Naturwissenschaften 45. 56-57 (1958). - Ref.Stärke 10. 89 (1958), C. 1959. 823.

Ultraschallabbau von Hochpolymeren. Wilke, G. und Altenburg, K. Plaste u.Kautschuk 3. 219-23, 257-60 (1956). - Ref.C. 1961. 5812.

Einwirkung von Ultraschall auf Lösungen von Kohlenhydraten. Chenoch, M.A. J.allg.Chem.(russ.) 25. 928-32 (1955). Ref.C. 1956. 4958.

Die Einwirkung von Ultraschall auf Kohlenhydrate. Chenoch, M.A. Ber.Akad.Wiss.UdSSR (N.S.) 97. 871-74 (1954). - Ref.C. 1955. 4121, C.A. 49. 1411a (1955).

Untersuchung zur Klärung einiger chemischer Wirkungen des Ultraschalls. Rust, H.H. Angew.Chem. 64. 162-63 (1952). - Ref.C. 1953. 1606.

Die Reaktion von Paramäcium auf einige organische Verbindungen, die der Einwirkung des Ultraschalls und der ultravioletten Strahlen unterworfen waren. Losina-Losinski, L.K. und Chenoch, M.A. Ber.Akad.Wiss.UdSSR(russ.) 76. 317-20 (1951). - Ref.C. 1951. II. 1013.

Wirkung von Ultraschallwellen auf Stärke. Sutra, René C.R.hebd. Séances Acad.Sci. 232. 1490-92 (1951). - Ref.C. 1953. 4881.

Wirkung von Ultraschall auf Hochpolymere. 5.Mitt. Inulin. Sobue,H. und Ishikawa, K. J.chem.Soc.Japan,pure Chem.Sect.(Nippon Kagaku Zassi) 71. 25-27 (1950). - Ref.C. 1954. 7201.

Die Einwirkung von Ultraschall auf hochmolekulare Verbindungen. Shukow, I.I. und Chenoch, M.A. Ber.Akad.Wiss.UdSSR(russ.) 68. 333-36. (1949). - Ref.C. 1950. I. 557.

Einige chemische Wirkungen des Ultraschalls. Feuell, A.J. Research 2. 148 (1949). - Ref.C. 1949. E. 3759.

Über den chemischen Einfluss von Ultraschall. Schlemmer, Jan.Chemie (Prague) 3. 73-74 (1948). - Ref.C.A. 46. 2888f (1952).

Bemerkung zum Abbau von Stärkepaste durch Ultraschallwellenbestrahlung. Ono, Sozaburo.Rev.physic.Chem.Japan 14. 101. (1940). - Ref.C. 1941. I. 487.

Über den Abbau von Stärkepaste, hervorgerufen durch Ultraschallwellenbestrahlung. Ono, Sozaburo.Rev.physic.Chem.Japan 14. 25-41. (1940). - Ref.C. 1940. II. 1393.

Untersuchungen über die Einwirkung von Ultraschallwellen auf Diastase, Stärke, Glykogan und Rübenzucker. Wesemeier, K. Dissertation Köln 1938.

Über den Einfluss der Ultraschallwellen auf die chemischen Reaktionen. Sokolow, S. Techn.Physics USSR 3. 176-82. (1936). - Ref. C. 1936. II. 2285.

Intensitätsbestimmungen zur Erklärung der depolymerisierenden Wirkung der Ultraschallwellen. Szalay, A. Physik.Z. 35. 293-96. (1934). - Ref.C. 1934. II. 1741.

Chemische und biologische Wirkungen der Ultraschallwellen. Szent-Györgyi, A. Nature (London) 131. 278. (1933). - Ref.C. 1933. II. 5.

Die Zerstörung von hochpolymeren Molekülen mittels Ultraschallwellen. Szalay, A. Z.physic.Chem.Abt.A. 164. 234-40. (1933). - Ref. C. 1933. I. 3868.

Die chemische Wirkung des hörbaren Schalls. Flosdorf, W. und Chambers, L.A. J.Amer.chem.Soc. 55. 3051-52 (1933). - Ref.C. 1933. II. 1472.

823. Ionisierende Strahlen

(Röntgenstrahlen, Gamma-Strahlen u.a. Vgl. auch "Mehl": 4142)

Eine vergleichende Untersuchung der Jodkomplexe bei bestrahlter Kartoffelstärke und industriellen modifizierten Stärken. Korottschenko, K.A., Putilowa, I.N. und Masslowa, G.M. Zucker-Ind.(russ.) 40. Nr. 12. 44-48 (1966).

Über Abbau und Polymerisation in der Maisstärke unter der Einwirkung von γ-Bestrahlung ^{60}Co. Korottschenko, K.A. und Ssemionow, A.J. Hochschulnachr.,Nahrungsmittel-Technol.(russ.) 1966. Nr. 5. 25-30.

Über die Wirkung der α- und β -Amylasen auf betrahlte Stärke. Tollier, M.Th. und Guilbot, A. Stärke 18. 305-10 (1966).

Wirkung von γ-Bestrahlung aus ^{60}Co auf Stärke. Untersuchung des Organisationszustandes von bestrahlter trockener und feuchter Mais- und Kartoffelstärke. Charbonnière, R. und Guilbot, A. C.R.hebd.Séances Acad.Sci., Sér.C 262. 545-48 (1966). - Ref. Stärke 18. 199 (1966).

Der Einfluß von Gammastrahlen auf Kartoffelstärke in Abhängigkeit von ihrem Wassergehalt. Reuschl, H. und Guilbot, A. Stärke 18. 73-77 (1966).

Einfluß der γ-Bestrahlung auf Maisstärke. Putilowa, I.N., Traubenberg, Ss.Je. und Masslowa, G.M. Hochschulnachr.(Krasnodar), Nahrungsmittel-Technol.(russ.) 1965. Nr. 3. 29-33. - Ref.C. 1966. 17-3180.

γ-Strahlen-Analyse von Stärkekörnern. Zobel, H.F. in : Whistler, R.L. u.a. Methods in Carbohydrate Chem. Vol.IV., Academic Press 1964. S. 109-113.

Die Wirkung ionisierender Strahlen auf Stärke. Der Einfluss von Mengen von 30 Mrad Gammastrahlen auf Kartoffelstärke in Abhängigkeit von deren Wassergehalt. Reuschl, H. und Guilbot, A. Ann.techn.agric. 13. Nr. 4. 399-448 (1964). - Ref.C.Chem.(russ.) 1965. 22 R333, C.A. 62. 13363c (1965).

Untersuchung der Eigenschaften von mit γ-Strahlen behandelter Stärke. Korottschenko, K.A. und Putilowa, I.N. Fermentat.- u.Alkohol-Ind.(russ.) 30. Nr. 8. 16-19 (1964). - Ref.C. 1965. 48-1125.

Die Einflüsse von Wasser und einem Schutzmittel auf γ-Strahlen-induzierte freie Radikale bei Senfsamen. Cook, R.F. Int.J.Radiat. Biol. 7. 497-504 (1964). - Ref.C. 1965. 38-1376.

Untersuchung der Eigenschaften von mit γ-Strahlen behandelter Stärke. Korottschenko, K.A. und Putilowa, I.N. Ferment u.Alkohol-Ind.(russ.) 1964. Nr. 8. 16-19. - Ref.J.Chem.(russ.) 1965. 8 R314.

Über den Charakter der Wirkung ionisierender Strahlen auf Sole und Gele der Stärke. Ssosedow, N.I. und Schabolenko, W.P. Biochem. d.Getreide u.d.Brotbackens (russ.) 7. 195-201 (1964). - Ref.J. Chem.(russ.) 1965. 13 R362.

Veränderung der Struktur und der Eigenschaften von Maisstärke unter der Einwirkung ionisierender Strahlen. Pissanski, A.P. und Romenski, N.W. Hochschulnachr.,Nahrungsmittel-Technol.(russ.) 1964. Nr. 6. 49-53. - Ref.C. 1965. 30-2962, Ref.J.Chem.(russ.) 1965. 13 R361, C.A. 62. 9338b (1965).

Die Wirkungen von γ-Strahlung auf die chemischen Eigenschaften von Methylcellulose. Blouin, F.A., Ott, V.J., Mares, T. und Arthur J.C. jun. Textile Res.J. 34. 153-58 (1964). - Ref.C. 1964. 1-3238.

Strahleninduzierte freie Radikale in deuterierten Stärkefraktionen. Samec, M., Blinc, R., Herak, K. und Adamič, J. Stärke 16. 181-83 (1964). - Ref.C. 1965. 12-2971.

Wirkung der γ-Bestrahlung auf die rheologischen Eigenschaften von Gluten aus Weizen. Doguchi, M., Yokoyama, Y. und Okada, I. J.chem.Soc.Japan,ind.Chem.Sect. 66. 718-20 (1963). - Ref.C. 1965. 5-2957.

Molekülumgebungseinflüsse bei der Strahlenzersetzung von α-D-Glucose. Phillips, G.O. und Baugh, P. Nature (London) 198. 282-83 (1963). - Ref.C. 1966. 12-0847.

Abbauprodukte von γ-bestrahlten festen Kohlenhydraten, die nach Auflösung in Wasser erhalten werden. Ehrenberg, A., Ehrenberg, L. und Löfroth, G. Acta chem.scand. 17. 53-56 (1963). - Ref.C. 1966. 18-0871.

Wirkung der Neutronenstrahlung auf Stärke. (Radioaktive Stärke). Samec, M. Stärke 15. 83-85 (1963). - Ref.C. 1963. 22929, Ref. J.Chem.(russ.) 1963. 23 R294, C.A. 59. 14184h (1963).

Strahleneinwirkung auf Cellulose und pflanzliche Gerüstsubstanzen. Lück. H. und Dell, F. Chimia (Aarau, Schweiz) 17. 1-8 (1963). - Ref.C. 1963. 21200.

Die Bestrahlung von Stärke. 1.Mitt. Die Eigenschaften von Kartoffelstärke und deren Komponenten nach der Bestrahlung mit energiereichen Elektronen. Greenwood, C.T. und MacKenzie, S. Stärke 15. 444-48 (1963). - Ref.C.A. 60. 7111g (1964), C. 1965. 5-2933, Ref.J.Chem.(russ.) 1966. 2 R370.

Ein Strahlungsverfahren zur Herstellung von löslicher Stärke und Dextrin. Korottschenko, K.A. Hochschulnachr.,Nahrungsmittel-Technol.(russ.) 1963. 74-76. - Ref.J.Chem.(russ.) 1963. 24 R316, C.A. 59. 5355d (1963), C. 1964. 33-2524.

Nachweis von freien Radikalen unterschiedlicher Natur, die durch Bestrahlung von Cellulose mit γ-Strahlen gebildet werden: Anwendung beim Pfropfen. Bernard, O.R., Gagnaire, D. und Servoz-Gavin, P. J.Chim.physique Physico-Chim.biol. 60. 1348-54 (1963). - Ref.C. 1964. 52-0929.

Einfluß von ionisierender Strahlung auf kristalline Kohlenhydrate. Dilli, S. und Garnett, J.L. Chem.and Ind. 1963. 409-10. - Ref. C. 1964. 49-0971.

Veränderungen der Kartoffelstärkekörner unter dem Einfluß von γ-Strahlen Co^{60}. Masslowa, G.M. und Putilowa, I.N. Hochschulnachr.Nahrungsmittel-Technol.(russ.) 1963. Nr. 3. 28-35. - Ref. C.A. 59. 11852g (1963), Ref.J.Chem.(russ.) 1964. 5 R329, C. 1964. 48-2723.

Elektronen-Spin-Resonanz gamma-bestrahlter Stärkesubstanzen. Blinc, R. und Samec, M. Stärke 15. 245-46 (1963). - Ref.C. 1964. 16-2704, Ref.J.Chem.(russ.) 1964. 6 R361.

Der Einfluß von Gammastrahlen auf Cellulose. Horio, M., Imamura, R. und Mizukami, H. Bull.Inst.chem.Res.,Kyoto Univ. 41. 17-38 (1963). - Ref.C. 1964. 18-0993.

Die Zusammensetzung der gasförmigen Produkte der Radiolyse von Stärke. Oreschko, W.F., Gorin, L.F. und Rudenko, N.W. J.phys. Chem.(russ.) 36. Nr. 5. 1084-85 (1962). - Ref.J.Chem.(russ.) 1962. 23 N383, Stärke 17. 97 (1965).

Modifikation der Stärke unter dem Einfluß strahlender Energie. Samec, M. Ind.aliment.agric. 79. 1073-81 (1962). - Ref.C. 1964. 35-2549.

Radiationschemie der Stärke. Oreschko, W.F., Gorin, L.F., Korottschenko, K.A., Masslowa, G.M., Tschernenko, L.Je. und Schachowa, N.G. Hochschulnachr.(Krasnodar),Nahrungsmittel-Technol. (russ.) 1962. Nr. 5. 32-37. - Ref.C. 1963. 14506.

Einfluß der γ-Strahlung von ^{60}Co auf die strukturmechanischen Eigenschaften der Stärkegele verschiedener Feuchtigkeit. Korottschenko, K.A. Hochschulnachr.(Krasnodar),Nahrungsmittel-Technol.(russ.) 1962. Nr. 4. 29-31. - Ref.C. 1963. 14506, Ref.J. Chem.(russ.) 1963. 5 R278, C.A. 58. 1622e (1963).

Einfluß der γ-Strahlen auf die technologischen Eigenschaften des Weizenkorns. Demidow, P., Tschmyr, A. und Ssasonowa, Je. Getreidemühlen u.Getreidespeicher (russ.) 28. Nr. 12. 3-4 (1962). - Ref.C. 1964. 31-2708.

Elektronenspinresonanzuntersuchungen an den Radikalen, die durch γ-Bestrahlung von Hochpolymeren erzeugt wurden und deren Reaktion mit Schwefeldioxid. Kuri, Z. und Ueda, H. J.Polymer Sci. 50. 349-59 (1961). - Ref.C. 1962. 12308.

Vergleichender Abbau verschiedener Stärken durch Gammastrahlen, Elektronenstrahlen und Ultraschall. Samec, M. Stärke 13. 283-92 (1961). - Ref.C.A. 56. 5007e (1962), C. 1962. 5128.

Durch γ-Strahlen hervorgerufene Pfropf-Copolymerisation von Acrylamid auf Amylose in wässrigen Lösungen. Mishina, A. Mem.Inst. sci.ind.Res.,Osaka Univ. 18. 93-97 (1961). - Ref.C.A. 56. 4947g (1962), C. 1963. 18866.

Graftcopolymerisation des Systems Amylose-Acrylamid in wäßrigen Lösungen nach γ-Strahlung. Mishina, A. J.agrar.chem.Soc.Japan 35. 40-44 (1961). - Ref.Stärke 13. 309 (1961), C.A. 62. 10653d (1965).

Strahlen-Chemie von Kohlenhydraten. Phillips, G.O. Advances Carbohydrate Chem. 16. 13-58 (1961). - Ref.Stärke 14. 436 (1962).

Der Einfluß ionisierender Strahlen auf die Stärkeverkleisterung. Oreschko, W.F., Gorin, L.F. und Masslowa, G.M. Hochschulnachr., Nahrungsmittel-Technol.(russ.) 1961. Nr. 4. 35-38. - Ref.C.A. 56. 617c (1962), Stärke 14. 143 (1962), Ref.J.Chem.(russ.) 1962. 4 N364, C. 1963. 725.

Verhalten freier Radikale, die in Wasserstoffbindungen enthaltenden γ-bestrahlten Verbindungen eingeschlossen sind. Kuri, Z., Fujiwara, Y., Ueda, H. und Shida, S. J.chem.Physics 33. 1884-85 (1960). - Ref.C. 1962. 10487.

Die Wirkung von γ-Strahlen auf Kartoffelstärke. Mishina, A. und Nikuni, Z. Mem.Inst.sci.ind.Res., Osaka Univ. 17. 215-18 (1960). - Ref.C. 1963. 12441.

Die Wirkung ionisierender Gamma-Strahlung auf die Verkleisterung der Stärke. Oreschko, W.F. und Gorin, L.F. Arb.Allunions-Inst. Getreide u.Verarbeitungsprodukte (russ.) 1960. Nr. 38. 51-65. - Ref.J.Chem.(russ.) 1962. 1 N361.

Die Wirkung von ionisierenden γ-Strahlen auf die struktur-mechanischen Eigenschaften von Stärkegelen. Oreschko, W.F., Tschernenko, L.E. und Schachow, N.G. Ber.Akad.Wiss.UdSSR (russ.) 134. 636-38 (1960). - Ref.C.A. 55. 13976h (1961), C. 1962. 11219, Stärke 14. 261 (1962).

Die Schutzwirkung des Wassers bei der Radiolyse der Stärke. Oreschko, W.F. J.physik.Chem.(russ.) 34. 2369 (1960). - Ref.C. A. 55. 11046d (1961), Stärke 14. 143 (1962), C. 1965. 17-1067.

Eine Untersuchung des Stärkeabbaus in Bezug auf die Dosis von ionisierenden γ-Strahlen. Oreschko, W.F. und Korottschenko, K.A. Ber.Akad.Wiss.UdSSR (russ.) 133. 1219-22 (1960). - Ref.C. 1961. 16684.

Wirkung der γ-Strahlen von Co^{60} auf trockene Kohlenhydrate. Chenoch, M.A., Kusitschewa, Je.A. und Jewdokimow, W.F. Ber.Akad. Wiss.UdSSR (russ.) 135. 471-74 (1960). - Ref.C.A. 55. 11316e (1961), Stärke 14. 143 (1962).

Der Abbau der Stärke unter dem Einfluss von ionisierender Gammastrahlung. Oreschko, W.F. und Korottschenko, K.A. Arb.Allunions-Inst.Getreide u.Verarbeitungsprodukte (russ.) 1960. Nr. 38. 37-50. - Ref.J.Chem.(russ.) 1961. 22 N251, Stärke 16. 202 (1964).

Wirkung der γ-Strahlung von ^{60}Co auf Saccharoselösungen. Chenoch, M.A., Kusitschewa, Je.A. und Jewdokimow, W.F. Ber.Akad.Wiss. UdSSR (russ.) 131. 684-87 (1960). - Ref.C. 1961. 10507.

Importierter Reis, behandelt mit γ-Strahlen. 1.Mitt. Die Einwirkungen von γ-Strahlung auf importierte Reisstärke. Takaoka, K., Kawazu, S., Nishimura, A. und Mishima, A. J.Fermentat.Technol. (Japan) 38. 88-91 (1960). - Ref.C.A. 55. 4019h (1961), Ref.J. Chem(russ.) 1961. 6 N399.

Chromatographische Untersuchung von γ-bestrahlten Kartoffelstärke-Granula. Mishina, A. und Nikuni, Z. J.agric.chem.Soc.Japan 34. 150-53 (1960). - Ref.C. 1962. 152, Ref.J.Chem.(russ.) 1961. 10 N314.

Alkalilabilität von durch γ-Strahlen veränderten Stärkepräparaten. Jencic, S. und Samec, M. Hoppe-Seyler's Z.physiol.Chem. 322. 1-3 (1960). - Ref.C.A. 55. 10931i (1961), Stärke 13. 182 (1961), C. 1962. 1823.

Veränderung der Stärke unter dem Einfluß ionisierender Strahlen. III. Mitt. Weizen- und Maisstärke. Samec, M. Stärke 12. 99-102 (1960). - Ref.C.A. 54. 21807b (1960), C. 1961. 1039, Ref.J. Chem.(russ.) 1961. 2 N307.

Veränderungen des Stärke und ihrer Abbauprodukte nach Behandlung von Weizenmehl mit Gamma-Strahlen. Deschreider, A.R. Stärke 12. 197-201 (1960). - Ref.C.A. 54. 21806g (1960).

Untersuchung der Abbaus von Stärke unter der Einwirkung von γ-Strahlung. Oreschko, W.F. und Korottschenko, K.A. Hochschulnachr.,Nahrungsmittel-Technol.(russ.) 1960. Nr. 2. 17-21. - Ref.C. 1961. 7061, Ref.J.Chem.(russ.) 1961. 4 N288, Stärke 13. 183 (1961).

Strahleneinwirkung auf Lebensmittel. 5.Mitt.Einfluss auf Getreide, Mehle, Backwaren und Kohlenhydrate. Kohn, R. und Lück, H. Dtsch.Lebensmittel-Rdsch. 56. 1-6 (1960). - Ref.Stärke 13. 64 (1961), C. 1962. 1446.

Untersuchung der Destruktion von Stärke in Abhängigkeit von γ-Strahlung. Oreschko, W.F. und Korottschenko, K.A. Ber.Akad. Wiss.UdSSR(russ.) 133. 1219-22 (1960). - Ref.C.A. 54. 23385h (1960), Stärke 14. 30 (1962).

Abbau von Baumwolle in Sauerstoffatmosphäre durch Gammastrahlen. Blouin, F.A. und Arthur, J.C.jun. J.chem.Engng.Data 5. 470-75 (1960). - Ref.C. 1964. 16-2860.

Einige Eigenschaften von γ-bestrahlen Stärken und ihre elektrodialytische Trennung. Samec, M. J.appl.Polymer Sci. 3. 224-26 (1960). - Ref.C. 1962. 498.

Die Wirkung von energiereichen Kathodenstrahlen auf Stärke. Radley, J.A. Stärke 12. 201-03 (1960). - Ref.C.A. 54. 21806a (1960), C. 1961. 6334, Ref.J.Chem.(russ.) 1961. 13 N446.

Der Einfluss von Gammastrahlen und Ultraschall auf Stärke. Samec, M. Stärke 12. 165-69 (1960). - Ref.C.A. 54. 21807d (1960), Ref. J.Chem.(russ.) 1961. 2 N304, C. 1961. 3176.

Veränderungen der Kartoffelstärke unter dem Einfluss ionisierender Strahlen. 2.Mitt. Lösliche Stärke erhalten durch Gammastrahlen. Samec, M. Stärke 11. 285-88 (1959). - Ref.C. 1960. 12190, C.A. 54. 8122g (1960).

823

Einfluß von γ-Strahlen auf die Backfähigkeit von Hardredwinter-Weizen. Seibel, W. Arbeitsgemeinsch.Getreideforsch.E.V., Ber. Getreidechem.Tag. 1959. 18-33. - Ref.C. 1962. 12132.

Die chemische Wirkung von γ-Strahlung auf wässrige Lösungen von Kohlenhydraten. Phillips, G.O. und Moody, G.J. Int.J.appl.Radiat.Isotopes 6. 78-85 (1959). - Ref.C. 1963. 16514.

Die Wirkung von ionisierender Strahlung auf Kohlenhydrate. Bestrahlung von Saccharose und Methyl-α-D-glucopyranosid. Wolfrom, M.L., Binkley, W.W. und McCabe, L.J. J.Amer.chem.Soc. 81. 1442-46 (1959). - Ref.C. 1960. 4796.

Systematische Untersuchung von mit γ-Strahlen behandeltem Mehl. 1.Mitt. Wirkung auf die Polysaccharide. Deschreider, A.R. Fermentatio (Gand) 1959. 31-43. - Ref.C. 1959. 14277, C.A. 54. 19990f (1960).

Mechanismus der Einwirkung ionisierender Strahlen auf native Stärke. Oreschko, W.F. und Korottschenko, K.A. Hochschulnachr., Nahrungsmittel-Technol.(russ.) 1959. Nr. 5. 29-34. - Ref.Stärke 13. 25 (1961).

Einwirkungen von ionisierenden Strahlen auf pflanzliche Gewebe. 4.Mitt. Einwirkungen von γ-Strahlung auf Stärke und Stärkefraktionen. Kertesz, Z.I., Schulz, E.R., Fox, G. und Gibson, M. Food Res. 24. 609-17 (1959). - Ref.C.A. 54. 9139f (1960), C. 1961. 11554, Stärke 13. 183 (1961), Ref.J.Chem.(russ.) 1961. 4 N289.

Der Einfluß ionisierender Strahlen auf Kohlenhydrate. Wolfrom, M. L., Binkley, W.W., McCabe, L.J., Shen Han, T.M. und Michelakis, A.M. Radiation Res. 10. 37-47 (1959). - Ref.C.A. 53. 8832c (1959).

Veränderungen im Weizen durch Gammabestrahlung. Milner, M. und Finney, K.F. Getreide u. Mehl 9. 110-12 (1959).

Systematische Untersuchungen von mit γ-Strahlen behandeltem Mehl. 3.Mitt. Wirkung auf die Proteolyse. Deschreider, A.R. Fermentatio (Gand) 1959. 194-200. - Ref.C. 1960. 15935.

Ergebnisse einer systematischen Untersuchung über die Wirkung von Gammastrahlen auf Weizenmehl. 1.Mitt. Wirkung auf die Polysaccharide. (Auszug). Deschreider, A.R. Müllerei 12. Nr. 38. Wiss.Müllerei 65-72 (1959).

Durch Gamma-Strahlung bewirkte Bräunungsreaktion. Liggett, R.W., Feazel, C.E. und Ellenberg, J.Y. J.agric.Food Chem. 7. 277-80 (1959).

Wirkung von ionisierenden Strahlen auf lösliche Kohlenhydrate. Moody, G.J. und Phillips, G.O. Chem.and Ind. 1959. 1247-48 - Ref.C.A. 54. 5135 (1960).

Über den Mechanismus der Einwirkung von γ-Strahlen auf Stärkegele. Oreschko, W.F. und Korottschenko, K.A. Ber.höherer Lehranst. Lebensmittel-Technol.(russ.) 1959. Nr. 4. 51-54. - Ref.C.A. 54. 9139b (1960), Stärke 13. 24 (1961).

Die Veränderung der Proteine von γ-bestrahlten Kartoffelstärkekörnern. Mishina, A. und Nikuni, Z. J.agric.chem.Soc.Japan 33. 931-36. (1959). - Ref.C.A. 58. 8124c (1963).

Physikalische und chromatographische Beobachtungen von γ-bestrahlten Kartoffelstärkekörnern. Mishina, A. und Nikuni, Z. Nature (London) 184. 1867 (1959). - Ref.C.A. 54. 11523d (1960), C. 1960. 16118.

Behandlung von Weizen mit ionisierenden Strahlen. 4.Mitt. Oxydative, physikalische und biochemische Veränderungen. Lai, S.-P., Finney, K.F. und Milner, M. Cereal Chem. 36. 401-11 (1959). - Ref.C. 1960. 15605, C.A. 53. 22560b (1959).

Von M. Samec durch γ-Strahlung erhaltene lösliche Stärke, charakterisiert durch Al_2O_3-Chromatogramme. Ulmann, M. und Richter, M. Stärke 11. 288-89 (1959). - Ref.C. 1960. 12190, C.A. 54. 8122i (1960), Ref.J.Chem.(russ.) 1960. Nr. 67166.

Einfluss verschiedener Strahlen auf Stärke. Samec, M. J.Polymer Sci. 30. 545-50 (1958). - Ref.C. 1959. 10597, C.A. 53. 7637f (1959).

Veränderung der Kartoffelstärke unter dem Einfluss ionisierender Strahlen. Samec, M. Stärke 10. 76-79 (1958). - Ref.C. 1959. 7317, C.A. 53. 23018e (1959).

Elektronenspinresonanzspektren einiger mit γ-Strahlen bestrahlter Polymerer. Abraham, R.J. und Whiffen, D.H. Trans.Faraday Soc. 54. 1291-99 (1958). - Ref.C. 1959. 12253, C.A. 53. 12001h (1959).

Der Zerfall durch Röntgenstrahlen gebildeter freier Radikale in Pflanzensamen und Stärke. Ehrenberg, A. und Ehrenberg, L. Ark. Fysik 14. 133-41 (1958). - Ref.C. 1959. 13817, Stärke 12. 31 (1960).

Einfluss von γ-Strahlen von Cobalt-60 auf Stärke. Oreschko,W.F. und Korottschenko, K.A. Wiss.Ber.der Hochschule für Chem.u. Chem.-Technol.,Moskau 1958. Nr. 3. 455-59 (1958). - Ref.C.A. 53. 1795e (1959), Stärke 13. 57 (1961).

Histologische und histochemische Veränderungen in -bestrahlten Mondbohnen, Phaseolus lunatus. Salunkhe, D.K. Nature (London) 179. 585-86 (1957). - Ref.C.A. 51. 11492i (1957).

Einfluss von γ-Strahlen auf Bestandteile im Kuchen bei hohen und niedrigen Feuchtigkeitsgehalten. Bauman, H.E., Baeder, H., Stein, J.A., Harrel, C.G. Larsen,R.A. Food Technol. 11. 193-96 (1957).

Einwirkung von Gammastrahlen auf chemische Reaktionen. Auerbach, R. Chemiker-Ztg. 81. 3-5 (1957). - Ref.C. 1960. 9829.

Wirkung der γ-Strahlung von Kobalt-60 auf Lösungen von Kohlenhydraten. Chenoch, M.A. Arb.1.Allunions-Konf.Strahlen-Chem.,Akad. Wiss.UdSSR,Abt.chem.Wiss.,Moskau (russ.) 1957. 188-92. - Ref.C. A. 53. 12019i (1959).

Der Einfluss des Wassergehaltes auf die Wirkung ionisierender Strahlung auf Stärke. Ehrenberg, L., Jaarma, M. und Zimmer, E. C. Acta chem.Scand. 11. 950-56 (1957). - Ref.C. 1958. 9927, C. A. 52. 16770c (1958).

Die Wirkung von Gamma-Strahlen auf verdünnte wässrige Lösungen von Amylose. Bourne, E.J., Stacey, M. und Vaugham, G. Chem.and Ind. 1956. 573-74. - Ref.Stärke 8. 257 (1956), C.A. 50. 13616i (1956), C. 1957. 9101.

Die Wirkung von γ-Strahlen des radioaktiven Kobalts (^{60}Co) auf Kohlenhydrate. Chenoch, M.A. Ber.Akad.Wiss.UdSSR 104. 746-49 (1955). - Ref.C. 1956. 13725, C.A. 50. 7603a (1956).

Spaltung von Makromolekülen natürlicher hochmolekularer Verbindungen unter dem Einfluss von γ-Strahlen. Chenoch, M.A. J.allg. Chem.(russ.) 20. 1560-67 (1950). - Ref.C.A. 45. 963d (1951), C. 1954. 9534.

Der Einfluss durchdringender Radiumstrahlen auf die kolloidchemischen Eigenschaften von Stärkesolen. Chenoch, M.A. J.allg.Chem. (russ.) 17. 1024-29 (1947). - Ref.C. 1948. I. 791, C.A. 42. 3665h (1948).

Über die Wirkung der Röntgenstrahlen auf Glucose. Holtz, P. und Becker, J.P. Naunyn-Schmiedeberg's Arch.exp.Pathol.Pharmakol. 182. 160-63 (1936). - Ref.C. 1936. II. 3440.

Experimentelle Untersuchungen über die Beeinflussung des Stärkeabbaues durch Röntgenstrahlen. Schneider, Erich.Strahlentherapie 23. 326-35. (1926). - Ref.C. 1927. I. 3065.

Wirkung der X-Strahlen auf Jod und Jodstärke im wässrigen Milieu. Bordier, H. C.R.hebd.Séances Acad.Sci. 163. 291-293 (1916). - Ref.C.A. 10. 3016 (1916), C. 1917. I. 5, W.Ref. 934.

Umwandlung von Stärke in Dextrin durch X-Strahlen. Colwell, H.A. und Russ, S. Le Radium 9. 230-32 (1912). - Ref.C. 1912. II. 705.

Lichteinwirkung auf Jod und Jodstärke im wässrigen Milieu. Bordier, H. C.R.hebd.Séances Acad.Sci. 163. 205-206 (1916). - Ref. C. 1916. II. 872, W.Ref. 932-933.

Die Umwandlung von Stärke in Dextrin durch X-Strahlen. Colwell, H.A. und Russ, S. Proc.physic.Soc. 24. 217-221 (1911-12). - Ref.C.A. 6. 2863 (1912), C. 1912. II. 705, W.Ref. 739.

824. Ultraviolett und polarisiertes Licht

Rheologische Studien an Kartoffelstärke. 4.Mitt. Einfluss einer Bestrahlung von Kartoffelstärke mittels kurzwelligem UV-Licht. Takahashi, S. und Kihara, Y. J.agric.chem.Soc.Japan 34. 88-94 (1960). - Ref.J.Chem.(russ.) 1961. 10 N315.

Einige morphologische Merkmale bei der Photodegradation von unbeschädigter Kartoffelstärke. Baker, F. und Whelan, W.J. Nature (London) 165. 449-450 (1950).

Hydrolyse von Stärkekörnchen durch polarisierte ultrarote Strahlung. Semmens, Elizabeth Sidney. Nature (London) 163. 371. (1949). - Ref.C. 1950. I. 73.

Photochemischer Abbau von Stärke. Peat, S., Bourne, E.J. und Whelan, W.J. Nature (London) 161. 762-63 (1948). - Ref.C. 1949. II. 191.

Chemische Einflüsse von Mondlicht. Semmens, Elizabeth, Sidney Nature (London) 159. 613. (1947). - Ref.C. 1948. I. 242.

Eine photosensibilisierte Darstellung von reduziernden Zuckern aus Stärke. Heidt, Lawrence J. J.Amer.chem.Soc. 61. 3588-89. (1939). - Ref.C. 1940. II. 3170.

Die Einwirkung ultravioletter Strahlen auf Kohlenhydrate. Samec, M. Atti Primo Congr.Int.Elettroradiobiol. 1. 653 (1935).

Über den Abbau hochpolymerer Kohlehydrate sowie von Milchsäure und Brenztraubensäure im Licht der Quarzlampe. Lieben, Fritz; Löwe, Luise und Bauminger, Bella. Biochem.Z. 271. 209-12. (1934). - Ref.C. 1934. II. 3231.

Die Beeinflussung der Stärkehydrolyse durch Licht. Navez, Albert E. und Rubenstein, Boris B. J.biol.Chemistry 95. 645-60. (1932). - Ref.C. 1932. I. 3412.

Beeinflussung der Stärkehydrolyse durch polarisiertes Licht. Navez, Albert E. und Rubenstein, B.B. J.biol.Chemistry 80. 503-13. (1928). - Ref.C. 1929. I. 1329.

Studien über Pflanzenkolloide. XVII. Über die Peptisation der Stärke durch ultraviolette Strahlen. Samec, M. Kolloid-Beih. 23. 377-99. (1927). - Ref.C. 1927. II. 27.

Über die Peptisation der Stärke durch ultraviolette Strahlen. Ekhard, W. Z.Spiritusind. 50. 184-85 (1927). - Ref.C. 1927. II. 1145.

Selektive Einwirkung von polarisiertem Licht auf Stärkekörner. Rayleigh.Nature (London) 117. 15. (1926). - Ref.C. 1926. I. 1508.

Selektive Einwirkung von polarisiertem Licht auf Stärkekörner. Jones, W.N. Nature (London) 117. 15-16 (1926). - Ref.C. 1926. I. 1508.

Hydrolyse von Stärkekörnern durch an kleinen Teilchen polarisiertes Licht. Semmens, E.S. Nature (London) 117. 821-22. (1926). - Ref.C. 1926. II. 707.

Selektive Wirkung von polarisiertem Licht auf Stärkekörner. Baly, E.C.C. und Semmens, E.S. Nature (London) 116. 817. (1925) . - Ref.C. 1926. I. 1369, W.Ref. 819.

Selektive, photochemische Wirkung des polarisierten Lichtes. 1. Die Stärkehydrolyse. Baly, E.C.C. und Semmens, E.S. Proc.roy. Soc.(London) 97B. 250-253 (1924). - Ref.C. 1925. I. 1331, W. Ref. 3084.

Einige biochemische Wirkungen von polarisiertem Licht. Semmens, E.S. Chem.and Ind. 42. 954R. (1923). - W.Ref. 806.

Über die Wirkung der ultravioletten Strahlen auf Stärke. Bielecki, Jan und Wurmser, René.Biochem.Z. 43. 154-64 (1912). - Ref.C. 1912. II. 1274, W.Ref. 749.

Einwirkung der ultravioletten Strahlen auf die Stärke. Bielecki, Jean und Wurmser, René.C.R.hebd.Séances Acad.Sci. 154. 1429-32 (1912). - Ref.C. 1912. II. 243.

Einwirkung der ultravioletten Strahlen auf die Stärke. Massol, L. C.R.hebd.Séances Acad.Sci. 154. 1645-46 (1912). - Ref.C. 1912. II. 494, W.Ref. 754.

Einwirkung ultravioletter Strahlen auf Stärke. Massol, L. C.R. hebd.Séances Acad.Sci. 152. 902-904 (1911). - Ref.C. 1911. I. 1686, W.Ref. 742.

Wirkung ultravioletter Strahlen auf gefärbte Produkte, die durch Reaktion von Jod-Jodkalium mit Stärke und Glykogen erhalten wurden. Gautier, Cl. und Nogier, Th. C.R.hebd.Séances Mem.Soc. Biol. 69. 156-157 (1910). - Ref.C.A. 5. 310 (1911), W.Ref. 922.

825. Thermische Einwirkungen, Temperatur

(Trocknung, Pyrolyse, Abbau, Zersetzung, Derivatographie. Vgl. auch "Röstdextrine": 782, "Dextrine": 834)

Untersuchung der Stärke von Gerste und Reis nach der differentialthermischen Methode. Stoljar, M.G. Hochschulnachr.,Nahrungsmittel-Technol.(russ.) 1966. Nr. 5. 31-34.

Der Thermische Abbau der Stärke. 6.Mitt. Die Gewinnung von 1:6-Anhydroglucose aus Stärke und ähnlichen Materialien. Bryce, D.J. und Greenwood, C.T. Stärke 17. 275-78 (1965). - Ref.C.A. 63. 16591b (1965).

Derivatographische Untersuchungen der Kohlenhydrate über Veränderungen unter Hitzeeinwirkung. Lóránt, B. und Boros, M. Z.Lebensmittel-Unters.u. -Forsch. 128. 22-28 (1965).

Der Abbau der Polysaccharide der Weizenstärke bei trockenem und anschließendem feuchtem Erhitzen. Babitschenko, L.W. Hochschulnachr.,Nahrungsmittel-Technol.(russ.) 1964. Nr. 4. 20-23. - Ref. Stärke 17. 98 (1965), Ref.J.Chem.(russ.) 1965. 5 R404.

Wärme-Feuchtigkeitsbehandlung von Stärken. Sair, L. in: Whistler, R.L. u.a., Methods in Carbohydrate Chem. Vol.IV., Academic Press 1964. S. 283-285.

Der thermische Abbau von Stärke. 3.Mitt. Die Bildung von Zersetzungsprodukten aus Stärke und ähnlichen Materialien bei Temperaturen zwischen 175° und 400°C. Bryce, D.J. und Greenwood, C. T. Stärke 15. 359-63 (1963). - Ref.J.Chem.(russ.) 1964. 23 R303, C. 1965. 4-2869.

Einfluß der hydrothermischen Behandlung auf einige Eigenschaften der Stärken von Körnerkulturen. Kriwolapow, F.G., Ssinelnikowa, L.Je. und Schilowa, L.I. Hochschulnachr.,Nahrungsmittel-Technol.(russ.) 1963. Nr. 3. 54-56. - Ref.Stärke 16. 172 (1964), C. 1964. 48-2724.

Der thermische Abbau der Stärke. 2.Mitt. Bryce, D.J. und Greenwood, C.T. Stärke 15. 285-90 (1963). - Ref.J.Chem.(russ.) 1964. 5 R343, C. 1964. 41-2517.

Aspekte des thermischen Abbaus der Stärke. Bryce, D.J. und Greenwood, C.T. Stärke 15. 166-70 (1963). - Ref.C.A. 59. 14185e (1963), Ref.J.Chem.(russ.) 1964. 3 R313, C. 1964. 8-2687.

Analyse der thermischen Zersetzungsprodukte von Kohlenhydraten durch Gas-Chromatographie. Greenwood, C.T., Knox, J.H. und Milue, E. Chem.and Ind. 1961. 1878-79. - Ref.Stärke 14. 300 (1962).

Differential-Thermogramme von Polycacchariden. Chesters, G. und Thompson, S.O. Science (Washington) 133. 275-76 (1961). - Ref. C.A. 56. 4845a (1962), C. 1962. 13795.

Die bakterizide Wirkung von Produkten der Kohlenhydrat-Pyrolyse. Radojew, A., Lambrew, B. und Radojewa, A. Forschungsber.Hochschul-Inst.Nahrungs- u.Genußmittel-Ind.(bulg.) 8. 175-85 (1961). - Ref.C.A. 57. 1375c (1962), Stärke 15. 196 (1963).

Die papierchromatographische Charakterisierung des thermischen Stärkeabbaues und der Röstdextrinbildung. Ulmann, M. und Seidemann, J. Adhäsion 5. 519-23 (1961). - Ref.J.Chem.(russ.) 1962. 10 N359, Stärke 14. 191 (1962), C. 1962. 10 N359.

Zusammensetzung von Röstdextrinen. Wolfrom, M.L., Thompson, A. und Ward, R.B. Ind.Engng.Chem. 53. 217-18 (1961). - Ref.J.Chem. (russ.) 1961. 18 N316, C. 1962. 6996, Stärke 14. 32, 66 (1962).

Veränderungen von Weizenstärke während der kombinierten Behandlung mit Wasser und Wärme. Stoljar, M.G. Spiritus-Ind. (russ.) 27. Nr. 4. 16-19 (1961). - Ref.C.A. 55. 20469a (1961), C. 1964. 20-2782.

Molekulare Assoziation von Stärke bei hohen Temperaturen. Sterling, C. Stärke 12. 78-81 (1960). - Ref.C. 1960. 17306, C.A. 54. 13701e (1960).

Veränderungen bei der Stärke und anderen Kohlenhydraten durch thermische Einflüsse. Diemair, W. und Hufnagel, E. Stärke 12. 65-72 (1960). - Ref.C. 1960. 17643, C.A. 54. 13701f (1960).

Veränderungen der physikalischen Eigenschaften von Kartoffelstärke während des Erhitzens vor dem Kochprozess. Potter, A.L., Neel, E.M., Reeve, R.M. und Hendel, C.E. Amer. Potato J. 36. 444-49 (1959). - Ref.C. 1960. 13218, Stärke 13. 24 (1961).

Hinweise über das Kochen von Stärke 1.Mitt. White, T.A. Food Processing 20. 45, 52 (1959).

Über die Zersetzbarkeit der Stärke in der Grütze bei hydrothermischer Behandlung. Kriwolapow, F.G. und Ssinelnikowa, L.Je. Hochschulnachr.,Nahrungsmittel-Technol.(russ.) 1959. Nr. 1. 90-93. - Ref.Stärke 13. 146 (1961), C. 1963. 9524.

Die Änderung der kolloiden Eigenschaften von Weizenmehl beim trokkenen Erhitzen über 100°. Lobanow, D.I. und Babitschenko, L.W. Kolloid-J.(russ.) 21. 608-12 (1959). - Ref.Stärke 12. 346 (1960), C. 1961. 2124.

Einfluss der Trocknung auf die physikalischen Eigenschaften und die chemische Reaktionsfähigkeit von Stärkekörnern von Mais. Whistler, R.L., Goatley, J.L. und Spencer, W.W. Cereal Chem. 36. 84-90 (1959). - Ref.C. 1960. 4051.

Die Zusammensetzung von Röstdextrinen. 2.Mitt. Thermische Polymerisation von Lävoglucosan. Wolfrom, M.L., Thompson, A. und Ward, R.B. J.Amer.chem.Soc. 81. 4623-25 (1959). - Ref.C.A. 54. 7571h (1960).

Differentialwaage für thermogravimetrische Analyse. 3.Mitt. Waters, P.L. Coke and Gas 30. 341-43 (1958). - Ref.C.A. 53. 7730 (1959).

Untersuchung der Trocknungskinetik natürlicher Hochpolymerer. Kasanski, M.F. Ing.-physik.J.(russ.) 1. 93-95 (1958). - Ref.Stärke 12. 251 (1960).

Differential-Thermo-Analysen von organischen Substanzen. Varma, M. C.P. J.appl.Chem. 8. Pt.2 117-21 (1958). - Ref.C.A. 52. 10809d (1958), C. 1963. 17646.

Chromatographische Untersuchungen der Kinetik der Caramel-Bildung. Ramaiah, N.A., Agarwal, S.K.D. und Agarwal, J.K.P. Proc.Indian Acad.Sci.,Sect.A. 45. 97-104 (1957). - Ref.C. 1964. 49-2720.

Differentielle thermische Analyse einiger Polyglucosane. Morita, H. Analytic.Chem. 29. 1095-97. (1957). - Ref.C. 1959. 10937.

Differential-Thermo-Analysen von organischen Verbindungen. Perkins, A.T. und Mitchell, H.L. Trans.Kansas Acad.Sci. 60. 437-4((1957). - Ref.C.A. 52. 10808h (1958), C. 1960. 17560.

Chromatographischer Nachweis thermischer Schädigungen bei Kartoffelstärke. Ulmann, M. und Schierbaum, F. Ernährungsforschung 1. 684-92 (1956). - Ref.C.A. 51. 11746b (1957), C. 1958. 6117, Stärke 10. 266 (1958).

Charakterisierung von Stärke und entsprechungen Polysacchariden durch Differential-Thermal-Analyse. Morita, Hirokazu Analytic. Chem. 28. 64-67 (1956). - Ref.C.A. 50. 5316d (1956), C. 1957. 2573.

Untersuchung des Mechanismus der Hydrolyse von Polysacchariden mit Hilfe der Methode der thermischen Einwirkung. Scharkow, W.I. und Dobusch, O.A. Hydrolysen- und holzchem.Ind.(russ.) 9. Nr. 8. 3-4 (1956). - Ref.C. 1957. 14004.

Pyrolyse von Maisstärke in verschiedenen Lösungsmitteln. Lanning, F.C. und Barham, H.N. Trans.Kansas Acad.Sci. 58. 125-29 (1955). - Ref.C. 1956. 7953, C.A. 52. 21184g (1958).

Charakterisierung von organischen Verbindungen durch differentielle thermische Analyse. Morita, H. und Rice, H.M. Analytic.Chem. 27. 336-39 (1955). - Ref.C. 1955. 9398, C.A. 51. 6437f (1957).

Aktiv-Kohlenstoff. III.Mitt. Aktivierungsprozess. Suzuki, Zenro J.chem.Soc. Japan, Pure Chem.Sect. 76. 231-34 (1955). - Ref.C.A. 49. 16400d (1955).

Chemische Studien über Aktiv-Kohlenstoff. II.Mitt. Aktivierungsprozess. Suzuki, Zenro.J.chem.Soc. Japan,Pure Chem.Sect. 75. 389-92 (1954). - Ref.C.A. 49. 592a (1955).

Untersuchung von Stärkearten durch die Methode der thermischen Fraktionierung. Picon, M. C.R.hebd.Séances Acad.Sci. 236. 208-10 (1953). - Ref.C. 1950/54. 7991 S.

Intra-und intermolekulare Kondensation beim thermischen Abbau der Stärke. Graefe, G. und Rüggeberg, H. Stärke 5. 91 (1953). - Ref. C. 1956. 5980.

Untersuchung an Stärke durch die Methode der thermischen Fraktionierung. Picon, M. Bull.Soc.chim.France 1953. 681-86.

Die Grundlagen des thermischen Stärkeabbaus. Ulmann, M. Kolloid-Z. 130. 31-39 (1953). - Ref.C. 1953. 6988, C.A. 48. 6723c (1954).

Zur Frage der Kinetik der Erhitzung von Stärke im ultrahohen Frequenzfeld. Schulman, M.Ss. Kolloid-J.(russ.) 14. 215-18 (1952). - Ref.C. 1952. 6777, C.A. 46. 8463h (1952).

Die Anwendung der thermischen Differenzanalyse zur Bestimmung charakteristischer Temperaturen und zur Bewertung der Wärmetönung bei unübersichtlichen chemischen Prozessen. 1.Mitt. Die thermische Zersetzung der Stärke und der Cellulose. Costa, D. und Costa, G. Chim.et Ind.(Milano) 33. 71-76 (1951). - Ref.C. 1952. 1504.

Neuere Erkenntnisse über den thermischen Abbau der Stärke. Graefe, Gerd. Stärke 3. 3-9 (1951).

Thermischer Abbau von Stärke. Cerniani, Ado. Ann.Chimica 41. 293-308 (1951). - Ref.Stärke 4. 269 (1952), C.A. 46. 4828 (1952).

Erfahrungen bei der thermographischen und dilatometrischen Untersuchung von Kolloiden. Nikolajew, A.W. Kolloide Lebensmittel-Ind., Sammlung 2, Moskau (russ.) 1949. 62-75.

Das Zerplatzen von Stärkekörnern beim Erhitzen. Brébant, R. Ind. agric.aliment. 66. 141 (1949). - Ref.Stärke 3. 266 (1951).

Über den unterschiedlichen Gewichtsverlust von stärkehaltigen und stärkederivathaltigen Stoffen durch Erwärmung. Weiss, Hans Getreide, Mehl, Brot 3. 64-65 (1949).

Die thermische Zersetzung von Kohlehydraten. Puddington, J.E. Canad.J.Res.Sect.B. 26. 415-31 (1948). - Ref.Stärke 1. 78 (1949).

Herstellung von Stärkeabbauprodukten. Blattman & Co., Finn.P. 24538 vom 2/4.1947, Auszug veröff.31/8.1950.Schwz.Prior.2/4. 1946 u. 8/1.1947. - Ref.C. 1951. I. 1240.

Der durch Erhitzung bewirkte Abbau der Stärke. Kühl, Hugo. Z.Spiritusind. 64. 15. (1941). - Ref.C. 1941. I. 2188.

Abhandlungen zur physikalischen Chemie der Stärke und der Brotbereitung. 31. Über die chemischen und physikalisch-chemischen Änderungen der Stärke beim trockenen Erhitzen unter den einfachsten Bedingungen. Katz, J.R. und Weidinger, A. Z.physik. Chem.,Abt.A 184. 100-122. (1939). - Ref.C. 1939. II. 2289.

Die Bildung von Graphit bei der thermischen Zersetzung organischer Verbindungen. Hook, Wm. Iron Steel Inst.,Carnegi Scholarship Mem. 25. 81-91. (1936). - Ref.C. 1937. II. 945.

Der Stärkeabbau in gedörrtem Weizen. Kühl, Hugo. Chemiker-Ztg. 58. 1011. (1934). - Ref.C. 1935. I. 1631.

Einige Wirkungen von Hitzebehandlung auf Weizenstärke. Mangels, C. E. Cereal.Chem. 11. 86-94. (1934). - C. 1934. I. 2670.

Über die trockene Destillation einiger organischer Substanzen. I. Mitt. Sandonnini, C. Ann.Chim.applicata 20. 262-70. (1930). - Ref.C. 1930. II. 2116.

Über die gasförmigen Produkte der Verkokung. Lebeau, P. Chim.et Ind. 19. Sond.-Nr. 73-90. (1928). - Ref.C. 1929. I. 328.

Thermale Depolymerisation von Stärke in Beziehung zur molekularen Konstitution. Pictet, A. in R.P.Walton: A Compreshensive Survey of Starch Chemistry, Part 1, S. 9-15. Chemical Catalog Company, New York 1928.

Vergleichende Untersuchungen über die Ausbeute an Lävoglukosan bei der Vakuumdestillation von Stärke, gereinigter Holzcellulose, Rohrzucker und β-Glukose. Oetter, H. Dissertation, Darmstadt 1927.

Über Sublimation "unsublimierbarer" Stoffe. Kürschner, Karl. Mikrochemie 3. 1-20. (1925). - Ref.C. 1925. II. 705, W.Ref. 1302.

Über die Destillation von Cellulose, Holz und ähnlichen Stoffen unter Wasserstoffdruck mit Katalysatoren. Fierz-David, H.E. und Hannig, M. Helv.chim.Acta 8. 900-23. (1925). - Ref.C. 1926. I. 1394, W.Ref. 820.

Über die thermische Fraktionierung der gasförmigen Pyrogenisationsprodukte einiger bestimmter Verbindungen. Lebeau, P. C.R. hebd.Séances Acad.Sci. 178. 2256-2259 (1924). - Ref.C. 1924. II. 1471, W.Ref. 812.

Über längere Einwirkung mässiger Hitze auf gebleichte Baumwolle und einige andere Substanzen. Knecht, Edmund. Fuel 3. 106-108 (1924). - Ref.C. 1924. II. 1033.

Ertrag von β-Glucosan durch Niederdruck-Destillierung von Cellulose. Venn, H.J.P. J.Textile Inst. 15. 414-418T (1924). - W.Ref. 498.

Über Sublimationsversuche mit Kohlenhydraten. Karrer, P. und Rosenberg, J.O. Helv.chim.Acta 5. 575-576 (1922). - Ref.C. 1922. III. 667, W.Ref. 482.

Glucoside. 6.Mitt. Beitrag zur Konstitution und Konfiguration der Glucoside. Karrer, P. Helv.chim.Acta 3. 258-260 (1920). - Ref. C. 1920. I. 806, W.Ref. 469.

Die verlängerte Einwirkung einer milden Hitze auf gebleichte Baumwolle und einige andere Stoffe. Knecht, E. J.Soc.Dyers Colourists 36. 195-198 (1920). - Ref.C. 1924. II. 1033, W.Ref. 794.

Die trockene Destillation im Vakuum und ihre Anwendung beim Studium der Kohlenhydrate. Pictet, A. Bull.Soc.chim.France 27. 641-656 (1920). - W.Ref. 471.

Ein Gasdilatometer für die Bestimmung von Zersetzungspunkten. Moore, William C. und Davies, J.B. Chem.metallurg.Engng. 18. 301-2 (1918). - Ref.C. 1919. III. 186, W.Ref. 787.

Über die Destillierung der Zellulose und der Stärke unter vermindertem Druck. Picet, A. und Sarasin, J. Helv.chim.Acta 1. 87-96 (1918). - Ref.C.A. 12. 2187 (1918), C. 1918. II. 710, W.Ref. 466.

Über die Destillation der Cellulose und der Stärke in der Luftleere. Pictet, Amé und Sarasin, J. C.R.hebd.Séances Acad.Sci. 166. 38-39. (1918). - Ref.C. 1918. I. 1150, W.Ref. 465.

Der Einfluss von Hitze und Chemikalien auf Stärkekörner. Kraemer, Henry. Amer.J.Pharmacy 86. 81-85. (1914). - Ref.C. 1914. I. 1016.

Pyrogene Zersetzung von Cellulose, Stärke, Zucker und Sulfitcelluloseablauge. Bantlin, Gerhard. J.Gasbeleuchtung 57. 32-41, 55-61 (1914). - Ref.C. 1914. I. 924, W.Ref. 763.

Pyrogene Zersetzung von Zellulose, Stärke, Zucker und Sulfitzelluloselauge. Bantlin, G. Dissertation, Karlsruhe 1913.

Der Einfluß von Hitze und Chemikalien auf das Stärkekorn. Kraemer, H. 8. Int.Congr.appl.Chem.,Washington and New York, Orig.Commun. 17. 31-35 (1912). - Ref.C.A. 6. 3205 (1912), C. 1914. I. 1016, W.Ref. 1417.

Zur Verkokungsprobe. Binder, O. Z.analyt.Chem. 48. 372-375 (1909). - Ref.C.A. 3. 1970 (1909), W.Ref. 730.

Untersuchungen über die verschiedenen Arten von Kohlenstoff. Moissan, H. Ann.Chim.Phys. 8. Sér. 7; 289-347 (1896). - W.Ref. 703.

Die Veränderung der im heißen Glycerin gelösten Stärke. Zulkowski, K. und Franz, B. Ber.Österr.Ges.Förder.chem.Ind. 16. 120-27 (1894). - Ref.C. 1894. II. 918, W.Ref. 448.

Über die Veränderungen der in heißem Glycerin gelösten Stärke. (Auszug.) Zulkowski, K. Chemiker-Ztg. 12. 341 (1888). - Ref.C. 1888. 1060, W.Ref. 442.

Anatomisch-physiologische Untersuchung gerösteter Maiskörner. Schinz, H. Bot.Zbl. 18. 148-149 (1884).

Über das Verhalten des Stärkekorns beim Erhitzen. Schubert, St. Mh.Chem. (Wien) 5. 472-487 (1884). - W.Ref. 1408.

Über die Einwirkung des Glycerins auf Stärke bei höheren Temperaturen. Zulkowski, K. S.-B.kaiserl.Akad.Wiss.Wien, math.-naturwiss. Kl. 72. Abt.2. 384-388 (1875). - W.Ref. 441.

Über die Bildung von Brenzcatechin aus Kohlehydraten, besonders Cellulose. Hoppe-Seyler, F. Ber.dtsch.chem.Ges. 4. 15-16 (1871). - W.Ref. 673.

Über die Wirkung von Wasser auf "Kohlenhydrate" bei erhöhter Temperatur. Loew, O. Silliman's Amer.J.Sci.Arts 43. Ser.2; 371 (1867). - W.Ref. 670.

826. Kryolyse, Temperatur

(Vgl.auch "Stärkeschwämme": 4515)

Das Gefrier-Tau-Verhalten wässeriger Kartoffelstärkedispersionen. Schierbaum, F. und Richter, M. Nahrung 8. 487-502 (1964). - Ref.Stärke 16. 268 (1964), C. 1965. 9-2868, C.A. 62. 1834f (1965), Ref.J.Chem.(russ.) 1965. 9 R331.

Koacervierung von Stärke. 1.Mitt. Durch Gefrieren. Schulze, W.E., Yu, D.T. und MacMasters, M.M. Stärke 16. 41-44 (1964). - Ref. C. 1964. 51-2799, Ref.J.Chem.(russ.) 1966. 2 R371.

Untersuchung auf dem Gebiet der Mechanochemie der Polymeren. Über einige biologische Probleme der Mechanochemie der natürlichen Polymeren. Berlin, A.A. Biophysik (russ.) 8. 28-33 (1963). - Ref.C. 1963. 14339.

Mechanochemische Umwandlung und Blockcopolymerisation durch Einfrieren von Stärkelösungen. Berlin, A.A., Penskaya, E.A. und Volkova, G.I. J.Polymer Sci. 56. 477-84 (1962). - Ref.C. 1964. 38-1004.

Der Einfluss von Frost auf die Viskosität und Ergiebigkeit von Kartoffel-, Mais- und Weizenstärke. Kempf, W. und Tegge, G. Stärke 12. 273-75 (1960). - Ref.C. 1961. 13029, Ref.J.Chem. (russ.) 1961. 16 N351.

Durch Einfrieren, Lagern und Auftauen hervorgerufene Eigenschaften von Maisstärke und Stärkederivaten. 2.Mitt. Weisse Saucen. Albrecht, J.J., Nelson, A.I. und Steinberg, M.P. Food Technol. 14. 64-68 (1960). - Ref.C. 1961. 13031, Stärke 13. 98 (1961).

Durch Einfrieren, Lagern und Auftauen hervorgerufene Eigenschaften von Maisstärke und Stärkederivaten. 1.Mitt. Vereinfachte Verfahren. Albrecht, J.J., Nelson, A.I. und Steinberg, M.P. Food Technol. 14. 57-63 (1960). - Ref.C. 1960. 16965, Ref.J.Chem. (russ.) 1960. 86513, Stärke 13. 98 (1961).

Die Wirkung des Gefrierverfahrens auf die amyloclastische Empfindlichkeit, die Kristallinität und die Wasserbindungseigenschaften von Reis. Roseman, A.S. und Deobald, H.J. J.agric.Food Chem. 7. 774-78 (1959).

Die Wirkung des Gefrierens auf die Hydrationscharakteristika von Reis. Roseman, Arnold S. Food Technol. 12. 464-68 (1958).

Verfahren des Einfrierens und der Retrogradation von Dextrinstärke oder anderen stärkehaltigen Substanzen. Wulkan, E. It.P. 572 712 vom 31/3.1956.

Über die Bildung von aktiven Molekülen bei der Kryolyse wässeriger Lösungen von Stärke. Berlin, A.A. und Pensskaja, E.A. Ber.Akad. Wiss.UdSSR (russ.) 110. 585-88 (1956). - Ref.C. 1957. 11605, C. A. 51. 14300g (1957).

Die Bildung von kristallinem Eis in Weizenkörnern bei starker Abkühlung. Radsijewski, G.B. und Schechtman, Ja.L. Kolloid-J. (russ.) 18. 77-82 (1956). - Ref.C. 1957. 1978.

Über die Anwendung der röntgenographischen Strukturanalyse für die Untersuchung der Eisbildung in Pflanzensamen. Radsijewski, G.B. und Schechtman, Ja.L. Ber.Akad.Wiss.UdSSR (russ.) 101. 1051-53 (1955). - Ref.C. 1956. 3610.

Gefrieren von Holz. III. Klenkowa, N.I. J.angew.Chem.(russ.) 27. 539-45 (1954). - Ref.C.A. 48. 9687d (1954).

Das Einfrieren von Cellulosefasern. Klenkowa, N.I. J.angew.Chem. (russ.) 27. 433-44 (1954). - Ref.C. 1955. 3996, C.A. 48. 7893f (1954).

Über die Menge von nicht gefrierendem Wasser in Cellulosefasern nach dem Quellen. Klenkowa, N.I. und Nikitin, N.I. J.angew. Chem.(russ.) 27. 171-81 (1954). - Ref.C. 1955. 3996.

Die Wirkung des Gefrieren auf die physikalische und mikroskopische Beschaffenheit von Weizen- und Maisstärkegallerten. Woodruff, Sybil und Hayden, Henrietta.J.agric.Res. 52. 233-37. (1936). - Ref.C. 1936. II. 199.

Einfluss einer festen fremden Phase auf die Gefriertemperatur des Wassers und von schwachen wässerigen Lösungen. III.Mitt. Die Menge des gefrierenden Wassers in Anwesenheit von Quarzsand und von Stärke. Tarassenkow, D.N. und Komandin, A.W. Chem.J.Ser.A., J.allg.Chem.(russ.) 6. 1147-50. (1936). - Ref.C. 1937. II. 739.

Der Einfluss einer festen Fremdphase auf die Erstarrungstemperatur von Wasser und schwachen wässerigen Lösungen. II. System: Stärke-Wasser. Rokowski, A.W., Tarassenkow, D.N. u. Komandin, A.W. Chem.J.Ser.A, J.allg.Chem.(russ.) 5. 1441-44. (1935). - Ref.C. 1937. I. 3119.

Die Geschwindigkeit der Eiskrystallisation in unterkühlten Gelatine-Gelen. Callow, E.H. Proc.Royal Soc.London Ser.A 108. 307-23. (1925). - Ref.C. 1925. II. 900, W.Ref. 1298.

Über die Reinigung der Stärke. Malfitano, G., und Moschkoff, A.N. C.R.hebd.Séances Acad.Sci. 151. 817-819 (1910). - Ref.C.A. 5. 1345 (1911), C. 1911. I. 17, W.Ref. 1384.

Über die Koagulation stärkehaltiger Stoffe durch Gefrieren. Malfitano, G. und Moschkoff, A.N. C.R.hebd.Séances Acad.Sci. 150. 710-711 (1910). - Ref.C.A. 4. 1556 (1910), C. 1910. I. 2074, W.Ref. 1383.

Über das Ausfrieren von Gelen. Fischer, H.W. und Bobertag, O. Biochem.Z. 18. 58-94 (1909). - Ref.C. 1909. II. 495, W.Ref. 1241.

827. Elektrische Einwirkungen

Über die Einwirkung der stillen Entladung auf Stärke und Glykokoll. Löb, W. Biochem.Z. 60. 286-296 (1914). - Ref.C. 1914. I. 1496, W.Ref. 1386.

Zerlegung komplizierter chemischer Verbindungen im schwankenden magnetischen Kraftfeld. Heimrod, Geo.W. Z.Elektrochem. 19. 812-16 (1913). - Ref.C. 1913. II. 2082, W.Ref. 757.

Über das Verhalten der Stärke unter dem Einfluss der stillen Entladung. Löb, Walther. Biochem.Ztschr. 46. 121-24 (1912). - Ref. C. 1912. II. 2063, W.Ref. 751.

Chemische Umwandlungen durch Strahlenarten. 2. Wirkungen des elektrischen Gleichstroms. Neuberg, C. Biochem.Z. 17. 270-292 (1909). - W.Ref. 734.

Zerlegung hochkomplizierter chemischer Verbindungen im schwankenden magnetischen Kraftfeld. Rosenthal, J. S.-B.Akad.Wiss.Berlin 1908. 20-26. - Ref.C. 1908. I. 593, W.Ref. 729.

83. Eigenschaften von modifizierten Stärken

830. Allgemeines
831. Quellstärken
832. Lösliche Stärken
833. Dünnkochende Stärken
834. Dextrine

830. Allgemeines

Über Stärkeabbauprodukte. II. Komm, E. und Martin, U. Vorratspflege u.Lebensmittelforsch. 2. 650-61. (1939). - Ref.C. 1940. I. 1117.

Über Stärkeabbauprodukte. I. Komm, E. und Martin, U. Vorratspflege u.Lebensmittelforsch. 2. 635-49. (1939). - Ref.C. 1940. I. 1117.

831. Quellstärke

(Vgl. auch "Quellstärke": 32)

Über die Veredelung der Stärke. Samec, M. Österr.Chemiker-Ztg. 56. 66-71 (1955). - Ref.C. 1956. 6538.

Quellstärke: eine Definition. Dux, Eric F.W. Stärke 6. 225-26 (1954). - Ref.C. 1955. 7802, C.A. 49. 2103g (1955).

Quellstärke, ihre Eigenschaften, Herstellung und Verwendung. Wolff, Ottomar. Stärke 1. 83-87. (1949).

Beiträge zur Kenntnis der Quellstärke. Wünsche, G. Dissertation, Dresden T.H. 1942.

Die Grundlagen zur Herstellung von Quellstärke. Becher, jr. Carl Gelatine, Leim, Klebstoffe, 9. 6-15. (1941). - Ref.C. 1941. I. 3039.

Die Quellstärken. Blinc, M. und Samec, M. Kolloid-Z. 77. 134-40. (1936). - Ref.C. 1937. I. 1577.

Studien über Pflanzenkolloide. 32. Über Quellstärke. Samec, M. und Blinc, Meda. Kolloid-Beih. 38. 40-47. (1933). - Ref.C. 1933. II. 1177.

Eine zweckmäßige Methode zur Herstellung von in Wasser schnell aufquellender Stärke. Gies, W.J. Biochem.Bull. 2. 172-173 (1912-13). - Ref.C.A. 9. 3079 (1915), W.Ref. 1157.

832. Lösliche Stärke

(Vgl. auch "Lösliche Stärke": 33)

Eigenschaften von Stärke, die einer sauren Behandlung unterzogen wurde. Knjaginitschew, M.I. und Goloweschko, Je.I. Kohlenhydrate und Kohlenhydratstoffwechsel, Verlag Akad.Wiss.UdSSR, Moskau 1962. 241-46. - Ref.J.Chem.(russ.) 1963. 18 R250, Stärke 17. 28 (1965).

Zur Kenntnis von "Lintner-Stärken". Ulmann, M. und Richter, M. Pharmazie 14. 617-26 (1959). - Ref.J.Chem.(russ.) 1960. Nr. 75071, Stärke 13. 147 (1961), C. 1962. 5013.

Eigenschaften der mit Salzsäure behandelten löslichen Stärke. Suzuki, H. J.chem.Soc.Japan, ind.Chem.Sect.(Kōgyō Kagaku Zassi) 61. 1005-08 (1958). - Ref.C. 1959. 17535.

Solubilisierung von Kartoffelstärke durch Perchlorsäuren. Suzuki, H., Tamura, M. und Taketoni, N. Waseda appl.chem.Soc.Bull. 25. 5-6 (1958). - Ref.C. 1963. 22347.

Lösliche Stärke. Termansen, J.B. Arch.Pharmac.og.Chem. 66. 139-56 (1959). - Ref.C. 1959. 14188, C.A. 53. 9705g (1959), Ref.J.Chem. (russ.) 1960. Nr. 27775.

Kaltwasserlösliche Stärken. 2.Mitt. Dux, E.F.W. Int.Sugar J. 57. 169 (1955). - Ref.C. 1956. 10613.

Kaltwasserlösliche Stärke. II. Dux, F.W. Stärke 7. 81-85 (1955). - Ref. C. 1955. 942, C.A. 50. 13485i (1956).

Untersuchung über lösliche Stärke. 5.Mitt. Einfluss der H-Ionenkonzentration auf die Löslichmachung (Oxydation) von Kartoffelstärke durch Natriumhypochloritlösung. Suzuki, H., Miyake, E. und Taketomi, N. J.chem.Soc.Japan,ind.Chem.Sect. 58. 613-16 (1955). - Ref.C. 1960. 2373, C.A. 50. 7491b (1956).

Amylograph und Amylocolograph bei der löslichen Kartoffelstärke. Suzuki, H. und Taketomi, N. J.Chem.Soc.Japan,Ind.Chem.Sect. 58. 466-69 (1955). - Ref.C.A. 49. 16482e (1955), Stärke 8. 45 (1956), C. 1960. 6862.

Kaltwasserlösliche Stärken. Dux, E.F.W. Chem. and Ind. 1954. 516. - Ref.C. 1955. 4474.

In kaltem Wasser lösliche Stärke. Dux, E.F.W. Stärke 6. 90-94 (1954).

Lösliche Stärken. III. Modifizierung einer Kartoffelstärke durch Bleichpulver. Taketomi, N. und Suzuki, H. J.chem.Soc.Japan,ind. Chem.Sect. 57. 584-85 (1954). - Ref.Stärke 7. 100 (1955), C.A. 49. 727gf (1955).

Eigenschaften von Lintner-Stärken. Myrbäck, K. und Willstaedt, E. Ark.Kemi 7. 291-314 (1954). - Ref.Stärke 7. 128 (1955), C.A. 49. 7276f (1955), C. 1956. 4740.

Lösliche Stärke. Wolff, Ottomar Stärke 2. 198-202. (1950).

Lösliche Stärke. Meyer, Heinrich,Stärke 2. 250-51. (1950).

Zur Charakteristik der löslichen Stärken. Haller, Rob. Textil-Rdsch.(St.Gallen) 4. 114-16. (1949). - Ref.C. 1949. II. 602.

Lösliche Stärke. Isslentjew, P. Textil-Ind.(russ.) 8. Nr. 1. 43. (1948). - Ref.C. 1948. II. 1139.

Über die Konstitution der Stärke. 1. Versuch zur Gewinnung einer chemisch definierten löslichen Stärke. Dumazert, Christian und Georges Santoni. Bull.Soc.Chim.biol. 22. 369-80. (1940).

Löslichgemachte und oxydierte Stärke. Katz, J.R. Textile Res. 9. 146-54. (1939). - Ref.C. 1939. II. 4606.

Über die Substanzen genannt "lösliche Stärke". Reich, W.S. und Trpinac Bull.Soc.chim.France (5) 4. 1921-23. (1937). - Ref.C. 1938. I. 1358.

Studien über Pflanzenkolloide. 44. Lösliche Stärke aus Amylosen. Samec, M. Kolloid-Beih. 46. 134-42. (1937). - Ref.C. 1938. I. 1358.

Kaltlösliche und kaltquellbare Stärke. Obst, Walter. Gelatine, Leim, Klebstoffe 2. 267-69. (1934). - Ref.C. 1935. I. 2481.

Über lösliche Stärke. Rassow, B. und Lobenstein, M. Kolloid-Beih. 33. 179-253. (1931). - Ref.C. 1932. I. 149.

Studien über Pflanzenkolloide. XXIII. Lösliche Stärken erhalten durch Einwirkung von Oxydationsmitteln. Samec, M. Kolloidchem. Beih. 28. 155-66. (1929). - Ref.C. 1929. I. 2527.

Kaltwasserstärke. Trotman, S.R. Ind.Chemist.chem.Manufacturer 4. 399-400. (1928). - Ref.C. 1928. II. 2517.

Über lösliche Stärke ohne Amylodextrin. Reychler, A. Bull.Soc. Chim.biol. 32. 221-227 (1923). - Ref.C. 1923. III. 199, W.Ref. 1038.

Lösliche Stärke. (Auszug). Pomeranz, H. Pharmaz.Zentralhalle Deutschland 60. 510 (1919). - W.Ref. 1164.

Über lösliche Stärke. Tanret, Ch. Bull.Soc.chim.France 5. Sér.4; 902-905 (1919). - W.Ref. 1166.

Lösliche Stärke. Pomeranz, H. Leipziger Mschr.Textil-Ind. 32. 58, 74 (1917).

Studien über Pflanzenkolloide. V. Zur Kenntnis der löslichen Stärke. Samec, M. und Jencic, S. Kolloidchem.Beih. 7. 137-71. (1915). - Ref.C. 1915. II. 945, W.Ref. 1161.

Der Einfluß von Elektrolyten auf das Ausfällen löslicher Stärke. (Auszug.) Matill, H.I. und Matill, H.A. Biochem.Bull. 2. 553-554 (1912-13). - W.Ref. 755.

Über eine neue Form von löslicher Stärke. Fernbach, A. C.R.hebd. Séances Acad.Sci. 155. 617-18 (1912). - Ref.C. 1912. II. 1812, W.Ref. 1156.

Eine Studie über lösliche Lintner-Stärke. Clark, E.D. Biochem.Bull. 1. 194-206 (1911-12). - Ref.C.A. 6. 1161 (1912), W.Ref. 1155.

Über lösliche Stärken. Witlich, M. Chemiker-Ztg. 36. 79 (1911).

Über lösliche Stärke. Tanret, Ch. C.R.hebd.Séances Acad.Sci. 148. 1775-1776 (1909). - Ref.C. 1909. II. 592, 1637, W.Ref. 1154.

Das Molekulargewicht der löslichen Stärke. Friedenthal, H. Zbl. Physiol. 12. 849-850 (1898-99). - Ref.C. 1899. I. 924, W.Ref. 1223.

Über lösliche Stärke. 2. Syniewski, W. Ber.dtsch.chem.Ges. 31. 1791-1796 (1898). - Ref.C. 1898. II. 421, W.Ref. 1024.

Über die lösliche Stärke. Wróblewski, A. Ber.dtsch.chem.Ges. 30. 2108-2110 (1897). - Ref.C. 1897. II. 842, W.Ref. 1146.

Über die lösliche Stärke. Syniewski, W. Ber.dtsch.chem.Ges. 30. 2415-2418 (1897). - Ref.C. 1897. II. 1107, W.Ref. 1023.

Über die lösliche Stärke. Wróblewski, A. Ber.dtsch.chem.Ges. 30. 2108-10 (1897). - Ref.C. 1897. II. 842.

Über eine Eigentümlichkeit der löslichen Stärke. Beijerinck, M.W. Zbl.Bakteriol., Parasitenkunde Infektionskrankh. Abt. II, 2. 697-699 (1896). - Ref.C. 1897. I. 283, W.Ref. 1219.

Lösliche Stärke. Musculus, F. Arch.Pharmac. 54. 181-82 (1875).

Über Amylogen oder lösliche Stärke. Bondonneau, L. C.R.hebd.Séances Acad.Sci. 80. 671-673 (1875). - W.Ref. 1142.

Über lösliche Stärke. Musculus, F. C.R.hebd.Séances Acad.Sci. 78. 1413-1417 (1874). - W.Ref. 1140.

833. Dünnkochende Stärke

(Vgl.auch "Dickkochende und dünnkochende Stärken": 354, "Lösliche Stärke": 33, 832)

Untersuchung der physikalisch-chemischen Eigenschaften von modifizierten, gelbildenden dünnkochenden Stärken. Grjuner, W.S. und Archangelskii, P.M. Zucker-Ind.(russ.) 40. Nr. 3. 57-61 (1966).

Konvertierte Stärke. I. Preparation und physikalische Eigenschaften von dünnkochender Stärke. Kado, Yasuyuki und Nishida, Junsaburo J.Fermentat.Technol. (Japan) 32. 98-102 (1954). - Ref. C.A. 49. 3562i (1955), Stärke 7. 271 (1955).

Plastometerprobe von durch Alkalizusatz sich dünn kochenden Maisstärken. Porst, C.E.G. und Moskowitz, M. Ind.and Engng.Chem. 15. 166-170 (1923). - Ref.C. 1923. II. 1220, W.Ref. 1326.

Dünnkochende Stärken. Chamberlain, G.E. Cotton 86. 161, 172 (1922). - W.Ref. 2553A.

834. Dextrine

(Vgl.auch "Dextrine": 36, "Dextrine, Konstitution": 78, "Dextrine, Nachweis und Bestimmung": 572)

Untersuchungen der Thixotropie von aus Canary-Maisstärke hergestellten Dextrinen. Evans, R.B. und Caldwell, C.G. Stärke 15. 448-54 (1963). - Ref.J.Chem.(russ.) 1964. 17 R298, C. 1965. 5-2935.

Untersuchungen über die Dialyse mit Cellulose-Schlauchmaterial. Devor, A.W. und Andre, C. J.chem.Educat. 35. 354-55 (1958). - Ref.C. 1961. 17223.

Viscosimeter für Dextrinkleister. Fetzer, W.R., Crosby, E.K. und Fullick, R.E. Analytic.Chem. 24. 1671-72 (1952). - Ref.C. 1953. 5968.

Über die Herstellung von Fett-Ölemulsionen mit Dextrin an Stelle von Gummi arabicum. Afanassjew, T.D. Pharmazie 1940. Nr. 2/3. 28-29 (russ.). - Ref.C. 1940. II. 2782.

Das viscosimetrische Verhalten konzentrierter Dextrinlösungen. Höppler, F. Gelatine, Leim. Klebstoffe 7. 75-88 (1939). - Ref. C. 1939. II. 2720.

Untersuchungen über Schutzkolloide. Sauer, E. und Aldinger, W. Kolloid-Z. 85. 295-309 (1938). - Ref.C. 1939. I. 3130.

Zur allgemeinen Chemie der Kolloid-Kolloidreaktionen. VI. Mechanismus der Schutzkolloidwirkung von höheren Kohlenhydraten. Pauli, Wolfgang und Kitaj, Walter. Kolloid-Z. 82. 43-58 (1938). - Ref.C. 1938. II. 3378.

Stickstoffbindung durch Blaualgen. Fritsch, F.E. und De, P.K. Nature (London) 142. 878 (1938). - Ref.C. 1939. II. 1090.

Bereitung und Dispersitätsgrad von Erythrokörpern aus Kartoffelstärke. Wiegel, E. Z.Spiritusind. 57. 246 (1934).

Dextrin ("British gum") dargestellt durch Erhitzen trockener Stärke. Katz, J.R. Recueil Trav.chim.Pays-Bas 53. 555-60. (1934). - Ref.C. 1934. II. 1445.

Über die Natur von Dextrin-, Gelatine- und Natriumoleatlösungen, gefolgert aus der Röntgenstrahlbeugung. Krishnamurti, P. Ind.J. Physics 3. 307-29 (1929). - Ref.C. 1929. I. 2951-

Über die Verzuckerung der Dextrine. Petit, P. und Richard. C.R. hebd.Séances Acad.Sci. 185. 224-225 (1927). - Ref.C. 1927. II. 1973.

Der Zähigkeitsmesser (Viscosimeter) nach Lawaczeck als Kontrollinstrument in der Dextrinindustrie. Stirnus, A. und Ekhard, W. Z.Spiritusind. 49. 40-41. (1926). - Ref.C. 1926. I. 2386.

Einwirkung des Säuregrades und der Zeit beim Rösten der Dextrine. Bauer, H.F. 8.Int.Congr.appl.Chem.,Washington and New York, Orig.Commun. 13. 9-19 (1912). - Ref.C.A. 6. 3034 (1912), W.Ref. 2397.

Über die Bildung der Dextrine. Petit, P. C.R.hebd.Séances Acad.Sci. 114. 76-78 (1892). - Ref.C. 1892. I. 285, W.Ref. 2394.

Das spezifische Gewicht von Dextrin. Hönsch, W. J.chem.Soc.(London) 25. 584 (1872).

84. Stärke-Lösungen

840. Allgemeines

Bestimmung von Festsubstanzen in Stärkedispersionen. Whistler, R.L. und Medcalf, D.G. in: Whistler, R.L. u.a., Methods in Carbohydrate Chem. Vol.IV., Academic Press 1964. S. 147-148.

Physikalische Eigenschaften von Polysaccharidlösungen. Banks, W. und Greenwood, C.T. Advances Carbohydrate Chem. 18. 357-98 (1963). - Ref.C. 1964. 44-0981.

Die chemische Untersuchung von wässrigen Lösungen makromolekularer Stoffe. Reichherzer, R. Mitt.chem.Forsch.-Inst. Wirtsch.Österreichs 11. 141-46 (1957). - Ref.C. 1959. 13325.

Eine Schnellmethode zur Erkennung fester Fremdstoffe in zähen opaken Substanzen. Newton, Franklin H. Chemist-Analyst 22. Nr. 2. 10. (1933). - Ref.C. 1934. I. 2455.

Haltbare Stärkelösung. Král, H. Pharmaz.Zentralhalle Deutschland 35. 606 (1894).

841. Lösungsmittel und Löslichkeit

(Vgl.auch "Alkali und Stärke": 62)

Auflösen von pulverförmigen makromolekularen Kohlenhydraten und ihren Derivaten in Wasser. Henkel & Cie.,G.m.b.H. F.P. 1 386 997 ausg. 22/1. 1965., D.Prior. 6/4. 1963. - Ref.C.A. 63. 7194g (1965).

Eigenschaften von mit Dimethylsulfoxid vorbehandelter Amylomaisstärke. Mark, A.M., Roth, W.B., Zobel, M.F. und Mehltretter, C.L. Cereal Chem. 42. 209 (1965). - Ref.Stärke 17. 364 (1965), C.A. 62. 14982h (1965), Stärke 18. 254 (1966), C. 1966. 39-3327.

Der Einfluß von Glycerin-Monostearat auf eine Stärkelösung. Shimabayashi, Y. und Iwamoto, K. J.agric.chem.Soc.Japan 38. 250-56 (1964). - Ref.C.A. 62. 13363b (1965).

Stärke in Chlorzinkjod. Hölzl, J. und Bancher, E. Österr.bot.Z. 111. 69-77 (1964). - Ref.Stärke 16. 268 (1964), Ref.J.Chem. (russ.) 1965. 2 R208.

Calciumchlorid als Stärkedispersionsmittel. Fraser, J.R. und Hoodless, R.A. Analyst 88. 558-60 (1963). - Ref.C. 1964. 8-2689, Stärke 16. 370 (1964).

Die Hydratation der Stärke. 5.Mitt. Einfluß von Trocknungsvorgängen auf die Kaltwasserlöslichkeit der Stärke. Schierbaum, F. und Täufel, K. Stärke 14. 274-76 (1962). - Ref.J.Chem.(russ.) 1963. 10 R290, C. 1963. 9144, C.A. 58. 1622e (1963).

Die Struktur des Stärkekornes. 3.Mitt. Die Löslichkeit von Stärkekörnern in Dimethylsulfoxyd. Leach, H.W. und Schoch, T.J. Cereal Chem. 39. 318-27 (1962). - Ref.C. 1963. 9911, Stärke 16. 369 (1964).

Die Charakterisierung von Stärken durch Komplexlösungen. Schutz, H. C.R.hebd.Seances Acad.Sci. 253. 271-73 (1961). - Ref.C.A. 56. 1655h (1962), Stärke 14. 260 (1962), Ref.J.Chem.(russ.) 1962. 3 N301, C. 1966. 12-1120.

Auf refraktometrischem Wege erhaltene Löslichkeits-Diagramme verschiedener Stärken. Radley, J.A. Stärke 12. 232-37 (1960). - Ref.J.Chem.(russ.) 1961. 11 N379, C. 1961. 14490.

Die Stabilität von Polysacchariden in alkalischem Medium. Mayat, N.S. und Golowa, O.P. Fortschr.Chem.(russ.) 28. 1114-33 (1959). - Ref.C.A. 54. 10875g (1960).

Das Verhalten von Stärke im alkalischen Medium I: Das Lösen von Stärke im alkalischen Medium. Holló, J., Szejtli, J. und Lászlö, E. Fette Seifen einschl. Anstrichmittel 61. 656-59 (1959). - Ref.J.Chem.(russ.) 1960. 36577, Stärke 12. 31,158 (1960), C. A. 54. 5137e (1960), C. 1963. 6425.

Lösliche Stärke. II. Lösbarkeit von Kartoffelstärke durch Natriumhypochlorit. Taketomi, N. und Suzuki, H. J.Chem.Soc.Japan,ind. Chem.Sect. 57. 147-49 (1954). - Ref.C.A. 49. 2765d (1955), Stärke 7. 67 (1955).

Ein wertvolles Dispergierungsmittel für Stärke. Rybakowa, W.M. Textil-Ind.(russ.) 10. Nr. 1. 27-28 (1950). - Ref.C. 1950. II. 482, C.A. 48. 6723a (1954).

Die Abhängigkeit der Löslichkeit vom Molekulargewicht. VIII. Über die Löslichkeit makromolekularer Stoffe. Gleichzeitig 245 Mitt. Über makromolekulare Verbindung von H.Staudinger und Mitarbeiter. Schulz, G.V. und Jirgensons, B. Z.physic.Chem.Abt.B. 46. 105-36. (1940). - Ref.C 1941. I. 1014.

Über die Löslichkeit der Stärke in Wasser unterhalb der Quellungstemperatur. Samec, M. und Thomazo, N. Ber.dtsch.chem.Ges. 62. 2076-78. (1929). - Ref.C. 1929. II. 2771.

Löslichkeit und Unlöslichkeit der Stärke. Malfitano, G. und Catoire, M. C.r.d.l'Acad.des sciences 177. 1309-1311 (1923). - Ref.C. 1924. I. 644, W.Ref. 607.

Verfahren zum Extrahieren stärkehaltiger Stoffe und der Cellulose aus Pflanzen. Mellie, Albert Léon F.P. 541 290 vom 17/9. 1921, ausg. 25/7. 1922. - Ref.C. 1922. IV. 1148.

Bereitung einer dauerhaften Stärkelösung. Schweiz.Apotheker-Ztg. 55. 421 (1917). - Ref. C.A. 11. 2648 (1917), W.Ref. 1181.

Vergleichende Löslichkeitsbestimmungen in Wasser, in Pyridin und in wässerigem Pyridin. Dehn, W.M. J.Amer.chem.Soc. 39. 1399-1404 (1917). - Ref.C. 1918. I. 49, 50, W.Ref. 1264.

Formamid als Lösungs- und Ionisierungsmittel. Walden, P. Bull. Acad.imp.Sci.St.Petersbourg 5. 1055-1082 (1911). - W.Ref. 1244.

Die Auflösbarkeit der kolloiden Stärke unter Einwirkung von Alkalien. Fouard, E. Bull.Soc.chim.France 5. Sér. 4; 828-834 (1909). - Ref. C. 1909. II. 974, W.Ref. 1000.

Löslichkeit der Stärke in Persulfaten. (Auszug.) Bull.Assoc. Chimistes Sucr.,Distill.Ind.agric.France Colonies 20. 773 (1902-03). - W.Ref. 1340.

Löslichkeit des Stärkemehls in Wasser. Vogel, A. Buchner s neues Repertor.Pharmac. 23. 7 (1874). - Ref. C. 1874. 99, W.Ref. 1141.

Glycerin als Lösungsmittel für Stärke, Zucker und Gummi. Vogel, A. Dtsch.Industrie-Ztg. 14. 136 (1868). - W.Ref. 1138.

842. Lösungsvorgang und Lösungszustand

Einfluß von Fraktionen niederen Molekulargewichts auf den Lösungszustand von hochmolekularen Verbindungen. Kharin, S.E. und Burlak, T.A. Hochschulnachr.,Nahrungsmittel-Technol.(russ.) 1964. Nr.6. 57-60 - Ref. C.A. 62. 8421d (1965).

Verflüssigung von Stärke. Tamura, T. J.technol.Soc.Starch 10. 144-48 (1963) - Ref.J.Chem.(russ.) 1964. 3 R316.

Verflüssigung von Stärke. Tamura, T. J.technol.Soc.Starch (Japan) 10. 93-97 (1963) - Ref.J.Chem.(russ.) 1963. 22 R326. C.A. 59. 1827g (1963).

Untersuchungen über die Verflüssigung von Stärke. 3.Mitt. Maezawa, T., Hayakawa, S., Ohkubo, M. und Fukuda, N. J.technol.Soc. Starch (Japan) 10. 24-30 (1962) - Ref.J.Chem.(russ.) 1963. 13 R280.

Untersuchungen über die Verflüssigung von Stärke. 2.Mitt. Maezawa, T., Hayakawa, S., Ohkubo, M. und Fukuda, N. J.technol.Soc. Starch (Japan) 10. 20-23 (1962) - Ref.J.Chem.(russ.) 1963. 10 R287.

Die Verflüssigung von Stärke. Sëkure 1962. Nr.5. 46-60. - Ref.J. Chem.(russ.) 1964. 1 R323.

Der Trägheitsradius von Polysacchariden in indifferenten Lösungsmitteln. Burchard, W. Makromolekulare Chem. 42. 151-64 (1960) - Ref. Stärke 13. 182 (1961), C. 1961. 10209.

Lösungszustände von Amylopektin und Amylose in Stärkedispersionen. Ulmann, M. Stärke 12. 203-13 (1960) - Ref. C.A. 54. 23386d (1960), C. 1961. 5277. Ref.J.Chem.(russ.) 1961. 7 N339.

Stärkedispergierung und Stärkelösungen. (Chromatographische Untersuchungen) Ulmann, M. Ernährungsforschung 4. 53-66 (1959) - Ref. C. 1960. 6351, C.A. 54. 936f (1960), Ref.J.Chem.(russ.) 1959. Nr. 88145

Über Prozesse der Strukturbildung in Lösungen polymerer Kohlenhydrate und Polyacrylate. Kargin, W.A., Bakejew, N.F. und Ryshow, W.B. Hochmolekulare Verb.(russ.) 1. 182-84 (1959). - Ref. C.A. 53. 23052a (1959), C. 1960. 10610. Stärke 12. 281. (1960)

Bericht über Methoden zur Dispergierung von 50 Prozent Amylose enthaltender Maisstärke. Sloan, J.W., MacMasters, M.M. und Senti, F.R. Cereal Chem. 36. 196-98 (1959) - Ref. C.A. 53. 11683h (1959), C. 1960. 3064.

Dispersion von Stärkekörnern und die Gültigkeit der Resultate von Lichtstreuung auf Amylopektin. Erlander, S. und French, D. J.Amer.chem.Soc. 80. 4413-20 (1958) - Ref.Stärke 11. 116 (1959). C. 1959. 7817. C.A. 53. 4382d (1959).

Eigenschaften verschiedener Stärken. 3.Mitt. Auflösen von Stärkekörnern. Ohashi, Kazuji Res.Bull.Fac.Agric. Gifu Univ.(Japan), Nr.6. 118-23 (1956). - Ref. C.A. 51. 11746g (1957).

Untersuchung von Stärkelösungen und konzentrierten Stärkelösungen. Ansart, M. Stärke 7. 136-141 (1955) - Ref. C. 1956. 10348.

Lösung von Stärkekörnern. Ohashi, Kazuji J.technol.Soc.Starch (Japan) 3. 70-75 (1955) - Ref. C.A. 51. 14302a (1957).

Stärkelösungen und -kleister und ihre molekulare Deutung. Meyer, K.H., Bernfeld, P., Boissonnas, A.R., Gürtler, P. und Noelting, G. J.physic.Colloid.Chem. 53. 319-34 (1949) - Ref. Stärke 1. 154 (1949), C. 1949. E. 249.

Untersuchung der Eigenschaften von Stärkelösungen. Engblom, Alex Festskr.J.Arvid Hedvall 1948. 135-48. - Ref. Stärke 1949. I. 78, C. 1948. E. 2557.

Zustand der Hochpolymeren in Lösungen. Meyer, K.H. und van der Wyk, A. Kolloid-Z. 101. 52-58 (1942).

Kolloidale und halbkolloidale Lösungen hochpolymerer Verbindungen und ihre Hydrolyseprodukte. Polymerhomologe Reihe der Stärke. Almasow, A.M. Kolloid J.(russ.) 7. Nr.1. 67-68 (1941) - Ref. C. 1942. I. 472.

Das Problem der Solvatation von lyophilen Kolloiden. Lipatow, Ss. M. und Lipatowa, G.W. Fortschr.d.Chem. 9. 902 (1940) - Ref. C. 1941. I. 1400.

Das Wesen der Lösungen lyophiler Kolloide. Lipatow, Ss.M. Kolloid-J.(russ.) 5. 613-38 (1939) - Ref. C. 1940. I. 22.

Die Struktur emulsioider Solteilchen und ihrer Hydratationsschichten. Kolkmeijer, N.H. und Favejee, J.C.L. Nature (London) 132. 602-03. (1933) - Ref. C. 1934. I. 1295.

Über die Dispergierung der Polyamylosen. Beiträge zur Chemie der Stärke. XX. Pringsheim, H. und Meyersohn, P. Ber.Dtsch.Chem. Ges. 60. 1709-16. (1927) - Ref. C. 1927. II. 2386.

Über die Lösung von Stärke. Petit, P. C.r.d.l'Acad. des sciences 181. 259-60 (1925) - Ref. C. 1926. I. 56, W.Ref. 825.

Stärke. (Auszug). Tiebackx, F.W. J.Soc.chem.Ind. 42. 467A (1923) - W.Ref. 609.

Studien über Pflanzenkolloide. III. Entaschungs- und Lösungsvorgänge bei Stärke. Samec, M. und Hoefft, F.v. Kolloidchem.Beih. 5. 141-210 (1913) - Ref. C. 1914. I. 37.

Entflockung der Stärke und Auflösung der Glucose. Malfitano, G. und Moschkoff, A. C.R. hebd.Séances Acad. Sci. 156. 1681-83 (1913). - Ref. C. 1913. II. 493, W.Ref. 759.

Über die Entflockung der Stärke. Malfitano, C. und Moschoff, A. Bull.Soc.Chim. de France 11. 606-12 (1912) - Ref. C. 1912. II. 424, W.Ref. 753.

Über die kolloidalen Eigenschaften der Stärke und über die Einheit ihrer Konstitution. Fouard, E. Bull.Soc.chim. France 3. 1170-1174 (1908) - Ref. C.A. 3. 1146 (1909), W.Ref. 568.

Über die kolloidalen Eigenschaften der Stärke und über die Einheit ihrer Konstitution. Fouard, E. C.R. hebd. Séances Acad.Sci. 147. 813-816 (1908) - Ref. C. 1908. II. 2000, W.Ref. 569.

Über die Eigenschaften der Stärke in Übereinstimmung mit ihrer kolloidalen Gestalt. Fouard, E. C.R.hebd.Séances Acad.Sci. 146. 978-981 (1908) - Ref. C.A. 2. 2330 (1908), C. 1908. II. 1098, W.Ref. 567.

Über die kolloidalen Eigenschaften der Stärke und über die Existenz einer vollkommenen Lösung dieser Substanz. Fouard, E. C.R.hebd.Séances Acad.Sci. 146. 285-287 (1908) - Ref. C.A. 2. 1380 (1908), C. 1908. I. 1264, W.Ref. 565.

Über die Eigenschaften der reinen Stärke. Maquenne, L. C.R.hebd. Séances Acad.Sci. 146. 317-318 (1908) - Ref. C.A. 2. 1522 (1908), C. 1908. I. 1264, W.Ref. 570.

Die stärkemehlartigen Stoffe, mit Hilfe unserer Kenntnisse über den Kolloidalzustand untersucht. Malfitano, G. C.R.hebd. Séances Acad.Sci. 143. 400-403 (1906), - W.Ref. 557.

Lösung und Pseudo-Lösung. Picton, H. und Linder, S.E. J.chem. Soc. (London) 61. 148-172 (1892) - W.Ref. 1215.

843. Eigenschaften

Kontinuierliche Messung des spezifischen Gewichtes bei dickflüssigen Stoffen, z.B. einer Stärkelösung. Automatie (Amsterdam) 9. Nr.1. 17 (1965) - Ref. Stärke 18. 57 (1966).

Koacervierung von Stärke. 2.Mitt. Einige Beispiele. Yu, D.T. und MacMasters, M.M. Stärke 17. 75-77 (1965) - Ref. C.A. 62. 16493f (1965).

Verdampfungsformen von Lösungen von Stärkefraktionen in Anwesenheit von Jod. Yokota, T. Stärke 13. 434-35 (1961) - Ref. C. 1962. 17596. C.A. 56. 13146d (1962), Ref.J.Chem.(russ.) 1962. 15 N279.

Untersuchungen über die Oberflächenerscheinungen der Lebensmittel. 4.Mitt. Einfluß der Konzentration, Temperatur und Zeit auf die Oberflächenspannung und einige andere thermodynamische Eigenschaften der kolloidalen Lösungen von Eiweiß, Gelatine und Stärke. Czajka, J. Roczniki Państwowego Zakładu Higieny 12. 41-54 (1961) - Ref. C.A. 55. 15759i (1961).

Untersuchungen auf dem Gebiet der physikalischen Chemie der Kartoffelstärke. 1.Mitt. Aggregative Eigenschaften von Lösungen von Kartoffelstärke verschiedener Herkunft. Samotus, B. Roczniki Technol. Chem. Żywności (Ann.Food Technol.Chem.) 6. 53-65 (1960) - Ref. C.A. 56. 9171b (1962), C. 1963. 7197.

Kolloide Systeme und das Verhalten von Oberflächen. Draper, Arthur L. Ind.Engng.Chem. 50. 503-11 (1958).

Eine neue interferometrische Methode zur Bestimmung der Diffusionskoeffizienten sehr verdünnter Lösungen. Bryngdahl, O. Acta Chem.Scand. 11. 1017-33 (1957).

Stärkeuntersuchungen. 7.Mitt. Eigenschaften von Stärkelösungen und die Kinetik der Stärkedesaggregation. Bauer, Albert W. und Pacsu, E. Textile Res.J. 23. 870-77 (1953) - Ref. C. 1954. 9774.

Angaben über Veränderungen von Standard-Kohlenhydrat-Lösungen. Devor, A.W., Stamer, J.R. und Gullickson, N.W. Proc.S.Dakota Acad.Sci. 31. 108-10 (1952) - Ref. C.A. 49. 191g (1955).

Die adiabatische Dichte von Stärkesolen. Miyahara, Y. und Shiio, H. J.chem.Soc.Japan, Pure Chem.Sect. 73. 1-2 (1952) - Ref. C.A. 46. 9947b (1952), C. 1956. 1038.

Methoden zur Bestimmung der Hydrophilie von dispersen Systemen. Dumanski, A.W. und Woitzechowski, R.W. Kolloid J.(russ.) 10. 413-22 (1948) - Ref. C. 1948. E. 2391.

Die kolloidchemischen und physikochemischen Eigenschaften der Stärkelösungen als Wegweiser organischer Strukturforschung. Samec, M. Kolloid-Z. 92. 1-8 (1940) - Ref. C. 1941. I. 41.

Sole von Dextrinen und Stärke enthaltend Gruppen von Phosphorsäure, Schwefelsäure und organischen Säuren. Szper, J. und Szper, St. Trans.Faraday Soc. 35. 667-74 (1939) - Ref. C. 1939. II. 3794.

Zur Kenntnis der lyophilen Kolloide. XXVIII. Vergleichende Beobachtungen an Lösungen von Amylose, Amylophosphorsäure und Cellulose. Koets, P. und Kruyt, H.R. Kolloid.Beih. 47. 100-132 (1937) - Ref. C. 1938. II. 3219.

Oberflächenspannung einiger kolloider Substanzen. Banerji, S.N. Proc.Nat.Acad.Sci.India 6. 317-20 (1936) - Ref. C. 1937. II. 1329.

Konsistenzmessungen von Stärkelösungen. Ripperton, J.C. Ind. Engng.Chem., analyt.Edit. 3. 152-154 (1931) - Ref. C. 1932. I. 33.

Ultramikroskopische Untersuchung der Stärkesole. Samec, M. Arh. Hemiju Farmaciju (Arch.Chim.Pharmac.) 1927. 243.

Oberflächenspannung von Flüssigkeiten, die in der Biochemie vorkommen, mit besonderer Berücksichtigung der Brauereiwürzen. King, J. J.Inst.Brewing 31. 32-37 (1925). - Ref. C.A. 19. 2680 (1925), W.Ref. 1301.

Molekularumfang und Ausdehnung der Molekularanziehungskraft in Lösungen. Leathes, J.B. Nature (London) 107. 138-139 (1921) - W.Ref. 1278.

Das Molekular- und das Lösungsvolumen von kolloidalen Kohlehydraten. Cross, Ch. F. und Bevan, E.J. Ber.dtsch.chem.Ges. 42. 2198-2204 (1909) - Ref. C.A. 3. 2454 (1909), C. 1909. II. 424, W.Ref. 1240.

Die Oberflächenspannung an der Grenze wässeriger Kolloidlösungen von verschiedener Konzentration. Quincke, G. Ann.Physik 10. F.4; 673-703 (1903) - W.Ref. 1229.

Über das physikalische Verhalten von Lösungen der Colloide. Lüdeking, Ch. Ann.Phys.Chem. 35. 552-557 (1888) - W.Ref. 1212.

844 Osmotischer Druck, Dampfdruck

Die Dampfspannung von konzentrierten Lösungen von Glucose und Stärkehydrolysaten, die Dissoziationsspannung von Glucosehydrat. Kuroiwa, S. und Nakamura, M. J.chem.Soc.Japan, Ind.Chem.Sect. 65. 1598-1602 (1962) - Ref.J.Chem.(russ.) 1963. 14 R261. C. 1965. 39-2943.

Anomale Gefrierpunktsenkungen verdünnter Lösungen von Polymeren. Ozasa, H., Yamamoto, Y. und Yamaoka, A. Rep.Himeji Inst. Technol. (Japan) 10. 33-40 (1958) - Ref. C.A. 53. 12733i (1959).

Lösungen von Hochpolymeren. 6.Mitt. Osmotisches Verhalten von Lösungen von Polyelektrolyten mit linearen und globulären Molekülen. Inoue, T. J.chem.Soc.Japan 77. 826-29 (1956) - Ref. C.A. 51. 7808d (1957).

Der osmotische Druck wasserhaltiger Lösungen von Amylose, gemessen mit einer osmotischen Waage. Inoue, Tomoji Bull.Aichi Gakugei Univ.Nr. 3. 38-42 (1954) - Ref. C.A. 48. 11874g (1954).

Messungen des osmotischen Druckes an Maisamylose. Cleveland, F.C. und Kerr, R.W. J.Amer.chem.Soc. 71. 16-20 (1949) - Ref. C. 1950. I. 2116.

Zur Frage der Bestimmung des Dampfdruckes über wässerigen Lösungen. Tscheschewa, S.P. und Osseledko, K.N. Colloid J. 5. 875-82. (1939) (russ.) - Ref. C. 1940. II. 1112.

Der osmotische Druck der Lösungen von Derivaten von Polysacchariden. 2.Mitt. Der osmotische Druck der Derivate von Lichenin, Inulin, Glykogen, Stärke und Stärkedextrin. Carter, S.R. und Record, B.R. J.chem.Soc. (London) 1939. 664-75. - Ref. C. 1939. II. 623.

Der osmotische Druck der Lösungen von Derivaten von Polysacchariden. I.Teil. Neue Form eines Osmometers. Carter, Sidney R. und Record, Basil R. J.Chem.Soc.(London) 1939. 660-64. - Ref. C. 1939. II. 622.

Der osmotische Druck von Glykogenlösungen. Oakley, Henry Bowen und Young, Frank George Biochem.J. 30. 868-76 (1936) - Ref. C. 1936. II. 2939.

Tabellen zur Berechnung des osmotischen Wertes von Pflanzenpreßsäften, Zuckerlösungen und einigen Salzlösungen. Walter, Heinrich Ber.dtsch.bot.Ges. 54. 328-39 (1936) - Ref. C. 1936. II. 6169.

Osmose und Diffusion einiger Pflanzenkolloide (Stärkesubstanzen-Ligninsulfosäure-Humate). Samec,M. Kolloid-Z. 59. 266-78 (1932) - Ref. C. 1932. II. 1142.

Der osmotische Druck der Kolloide und seine biologische Bedeutung. Moore, B. und Roaf, H.E. Kolloid-Ztschr. 13. 133-37 (1913). - Ref. C. 1913. II. 2048.

Über den osmotischen Druck der Kolloide. 5. Zur Kolloidchemie der Dextrine. Biltz, W. und Truthe, W. Z.physik.Chem. 83. 683-707 (1913) - Ref. C.A. 7. 3883 (1913), C. 1913. II. 1013, W. Ref. 1247.

Über den osmotischen Druck der Kolloide. III.Mitt. Weitere Beiträge zur Dialyse und Osmose von Farbstofflösungen. Biltz, W. Z.physik.Chem. 77. 91-116 (1911).

Über den osmotischen Druck der Kolloide. II.Mitt. Der osmotische Druck einiger Farbstofflösungen. Biltz, W. und Vegesack, A. von. Z.physik.Chem. 73. 481-512 (1910).

Über die Bestimmung des osmotischen Druckes. König, F.J. und Hasenbäumer, J. Z.angew.Chem. 22. 1009-1018, 1070-1074 (1909) - W.Ref. 1242.

85. Stärke-Kleister und -Gele (Filme)

850. Allgemeines
851. Verkleisterungsvorgang
852. Verkleisterungstemperatur
853. Kleistereigenschaften
854. Stärke-Gele und Gelatinierung
855. Stärke-Filme und -Fäden

850. Allgemeines

Messung der Stärkeverkleisterung durch Enzym-Suszeptibilität. Sullivan, J.W. und Johnson, J.A. Cereal Chem. 41. 73-79 (1964) - Ref. C. 1965. 12-2974.Stärke 17. 30 (1965).

Das Trocknen von Lebensmitteln durch Sublimation. Kichara, I. und Gose, M. Vacuum Chem. 11. Nr.3. 97 (1963) - Ref.J.Chem.(russ.) 1964. 2 R316.

Die Trocknung von Lebensmitteln durch Sublimation. 1.Mitt. Die Trocknung von Stärkepaste durch Sublimation. Kichara, I. und Gosö, M. Vacuum Chem. 10. Nr.5. 193-95 (1962). Ref.J.Chem. (russ.) 1963. 22 R328.

Zur Frage der Verkleisterung von Stärke. Schulman, M.Ss. Kolloid J.(russ.) 24. 344-47 (1962) - Ref. C.A. 57. 12773h (1962), Stärke 15. 270 (1963).

Gegenwärtige Probleme bei den Forschungen über Stärkekleister. Kihara, Y. J.technol.Soc.Starch (Japan) 6. 126 (1959).

Pilzvernichtungsmittel für Stärkekleister. Ohashi, Shoishi und Nakabayashi, Hideo J.agric.chem.Soc.Japan 23. 107-10 (1949). - Ref. Stärke 3. 135 (1951).

Abhandlungen zur physikalischen Chemie der Stärke und der Brotbereitung. VIII. Inwieweit bestehen Beziehungen zwischen Verkleistern und Retrogradieren bei den mit nativer Stärke verwandten Substanzen? Samec, M. und Katz, J.R. Z.physik.Chem. Abt.A. 158. 321-36 (1932) - Ref. C. 1932. I. 2394.

Kleister. Whewell, W.H. J.Soc. Dyers Colourists 39. 65-67 (1923) - W.Ref. 2576.

Bemerkungen über die Stärke. Reychler, A. Bull.Soc.Chim.de France (4) 29. 311-316 (1921) - Ref. C. 1921. III. 1501. W.Ref. 596.

Über Stärke und Stärkekleister. Kaden, J. Dissertation, München 1912.

Verkleisterung. Levites, S.A. J.russ.physik.-chem.Ges. 34. 110-118 (1902) - Ref. C. 1902. I. 1305, W.Ref. 1341.

851. Verkleisterungsvorgang

(Vgl. auch "Quellstärke": 32, "Kleister und Pasten": 352, "Quellung": 7154)

Einfluß einer lyotropen Ionen-Serie auf die Verkleisterungs-Charakteristika von Weizen- und Maisstärken. Medcalf, D.G. und Gilles, K.A. Stärke 18. 101-05 (1966).

Einfluß von Natriumchlorid auf die Verkleisterung von Weizenstärkekörnern. Ganz, A.J. Cereal Chem. 42. 431-33 (1965) - Ref. C.A. 63. 11844a (1965).

Wärmeaufnahme und Viscositätsveränderung bei der Stärkeverkleisterung. Fukui, T. und Nikuni, Z. J.agric.chem.Soc.Japan 38. 222-25 (1964) - Ref.J.Chem.(russ.) 1965. 6 R393.

Zur Frage der Untersuchung des Verkleisterungsprozesses von Stärkekörnern von Kartoffeln, Mais, Weizen und Reis. Masslowa, G.M. und Tregubow, N.N. Zucker-Ind. (russ.) 38. 930-35 (1964) - Ref.J.Chem.(russ.) 1965. 13 R360., C. 1965. 32-2921, Stärke 17. 364 (1965), C.A. 62. 12005h (1965).

Bestimmung über den Grad der Stärkeverkleisterung durch die Jod-Reaktion. 1.Mitt. Anwendung für die Stärke in Kamaboko. Kawakami, K. und Iljima, Y. J.technol.Soc.Starch 12. 27-32 (1964).

Ein Vergleich von Methoden zur Untersuchung des Verlaufes der Stärkeverkleisterung. Sandstedt, R.M. und Abbott, R.C. Cereal Sci.today 9. 13-26 (1964) - Ref. C. 1964. 48-2722, Ref.J. Chem.(russ.) 1964. 17 R297, C.A. 63. 4500d (1965).

Beitrag zur Bedeutung wasserlöslicher hochmolekularer Kohlenhydrate für die Verkleisterung von Stärke. Rehfeld, G. und Kraus, S. Ernährungsforschung 7. 708-12 (1963) - Ref. C. 1964. 1-2745.

Untersuchung des Verkleisterungsprozesses von Kartoffelstärke. Schulga, A.M. Nachrichtenbl. Kiewer Univ.(russ.) 1962. Nr. 5. Ser.biol.I. 49-56. - Ref.J.Chem.(russ.) 1963. 19 R276.

Messung der Verkleisterungskurve von Stärken mit einem Spektrophotometer. Liao, Yun-Hao Bull.Assoc.Agric.,chem.nat.Taiwan Univ. 11. 14-18 (1962) - Ref. C.A. (M.) 58. 3590c (1963).

Verkleisterung von Stärke mit Laugen. Leach, H.W. Adhesives Age 5. Nr.9. 20-21 (1962) - Ref. Stärke 15. 157 (1963), Ref.J.Chem. (russ.) 1963. 5 R280.

Der Einfluß von Saccharose und Amiden auf die Verkleisterungstemperatur von Stärke. Carreras, L. und Cogolludo, L. Farmacognosis 21. 239-48 (1961) - Ref.J.Chem.(russ.) 1964. 15 R350.

Die Verkleisterung der Stärke. Nakamura, M. Food Ind. (Japan) 4. Nr. 6. 14-19 (1961) - Ref.J.Chem.(russ.) 1962. 7 N316.

Die Bestimmung des Anfangsstadiums der Verkleisterung von Stärke mit Hilfe selektiver Anfärbung. Kaminski, E. Przemysł Spożywczy 15. 272-78 (1961) - Ref.J.Chem.(russ.) 1962. 6 N344. Stärke 14. 192, 300 (1962), C. 1963. 9915.

Studien über die Verkleisterung der Stärke. 5.Mitt. Die Verkleisterung wärmebehandelter Kartoffelstärke. Holló, J., Huszar, J., Szejtli, J., Gantner, G.S. und Lászlö, E. Nahrung 5. 506-20 (1961). - Ref. C.A. 56. 10644d (1962), Stärke 14. 189 (1962), Ref.J.Chem.(russ.) 1962. 13 N325, C. 1963. 1488.

Neuere Beiträge zur Chemie der Stärkefraktionen 4.Mitt. Die Verkleisterung von Stärke. Holló, J., Szejtli, J., Lászlö, E. und Beke, G. Magyar Tudományos Akad. Kémiai Tudományok Osztályának Közleményei 12. 205-17 (1961) - Ref. C.A. 55. 19287e (1961).

Die Verkleisterung der Stärkekörner. Holló, J., Szejtli, J., Gantner, G.S. und Lászlö, E. Periodica Polytechnica (Budapest), chem.Ingenieurwes. 4. 263-85 (1960) - Ref.J.Chem.(russ.) 1961. 20 N216, C. 1962. 11949.

Die Einflüsse von Salzen auf die Verkleisterung von Weizenstärke. Sandstedt, R.M., Kempf, W. und Abbott, R.C. Stärke 12. 333-37 (1960) - Ref.C. 1961. 10006, Ref.J.Chem.(russ.) 1961. 12 N415, C.A. 55. 4999h (1961).

Struktur-Bildung vin Stärkekleister. Nakayama, O. J.technol.Soc. Starch (Japan) 7. 74-76 (1959).

Studien über die Verkleisterung der Stärke. 4.Mitt. Einfluß von Dehydratationsmitteln sowie der Korngröße auf die Verkleisterungs-Eigenschaften von Kartoffelstärke. Täufel, K., Hollò, J., Szejtli, J., Laszlò, R. und Tòth, M. Nahrung 3. 1051-59 (1959) - Ref.C.A. 54. 18996b (1960), Stärke 13. 24 (1961), Ref.J.Chem.(russ.) 1961. 5 N317, C. 1963. 7569.

Studien über die Verkleisterung von Stärke. 3.Mitt. Mechanismus der Verkleisterung. Hollò, J., Szejtli, J., Lászlò, E. und Gantner, G.S. Nahrung 3. 877-88 (1959) - Ref. C. 1961. 14859, Stärke 13. 56 (1961), Ref.J.Chem.(russ.) 1961. 2 N306.

Studien über die Verkleisterung der Stärke. 2.Mitt. Untersuchung der die Verkleisterung beeinflussenden Faktoren. Hollò, J., Lászlò, E., Szejtli, J., und Beke, Gy. Nahrung 3. 617-30 (1959) - Ref.J.Chem.(russ.) 1960. Nr. 82647, Stärke 13. 56 (1961), C. 1961. 14858.

Die Viscosität von Stärkekleister beeinflussende Faktoren. 1.Mitt. Untersuchung der Bedingungen der Kleisterherstellung. Hollò, J., Szejtli, J. und Hornyák, J. Mezögazdasági Kémiai Technológiai Tanszékének Közleményei 1959. 39-43. - Ref. C.A. 54. 13702b (1960).

Biochemische Untersuchungen über das Wachstum von Bataten. 7.Mitt. Das Wachstum von Bataten bei verschiedener Düngung; die anorganischen Konstituenten ihrer Wurzelknollen und deren Stärken und ihre photometrischen Verkleisterungskurven. Suzuki, S., Tamura, T., Nemoto, Y., Arai, K., Onoda, M. und Ota, Y. J.agric.chem.Soc.Japan 33. 1080-87 (1959).

Über eine einfache Theorie der Wirkungsweise der Verkleisterung und der Verkleisterungsschreiber. Galter, E. Mühle 96. 675-76 (1959).

Einige Eigenschaften von "Navy"-Gartenbohnen-Stärkekörnern. Weiss, O. und Powrie, W.D. Michigan State Coll.Agric.appl. Sci., agric.Exp. Stat., quart.Bull. 42. 386-92 (1959) - Ref. C. 1961. 1756.

Gelatinierungs- und Verkleisterungseigenschaften verschiedener Reissorten in Beziehung zu ihrem Verhalten beim Kochprozess. Halick, J.V. und Kelly, J. Cereal Chem. 36. 91-97 (1959). - Ref. C.1959. 16810.

Studien über die Verkleisterung der Stärke. 1.Mitt. Photometrische Methode zur Untersuchung der Verkleisterung. Hollò, J., Szejtli, J. und Beke, Gy. Nahrung 2. 697-704 (1958) - Ref. Stärke 11. 338 (1959), C.A. 53. 13635i (1959).

Verkleisterung von stärkehaltigem Material im Farinograph. Grogg, Ben und Caldwell, E.F. Cereal Chem. 35. 196-200 (1958) - Ref. C.A. 52. 13127f (1958), Stärke 10. 330 (1958), C. 1959. 4992.

Stärkeverkleisterung. Lobanow, D.I. und Lowatschewa, G.N. Gesammelte Arb.wiss.Moskauer Plechanow-Inst.Volkswirtsch. (russ.) 1958. Nr. 13. 190-97. - Ref. C.A. 55. 22877b (1961).

Verkleisterung und Retrogradation von Stärke. Nikuni, J. J.technol. Soc.Starch (Japan) 2. Nr.1. 1-3 (1954).

Zur Frage der Struktur der Stärke und des Mechanismus ihrer Verkleisterung. Lipatow, S.M., Schulman, M.S. und Karzownik, B.A. Arbeiten des Allunions-Forsch.-Inst.der Alkohol-Ind.(russ.) 1962. Nr. 2. 5-18.

Untersuchungen auf dem Gebiet der Struktur der Stärke. 1.Mitt. Zur Frage des Verkleisterungsmechanismus. Lipatow, Ss.M., Karzownik, B.A. und Babitsch, L.W. Kolloid-J. (russ.) 10. 349-56 (1948) - Ref. C. 1949. E. 6620.

Verkleisterung, Vermahlung und Homogenität bei Stärke. Sutra, R. Bull.Soc.chim.France Mem. (5) 14. 738-41 (1947) - Ref. C. 1947. E. 1312. C. 1947. II. 713.

Untersuchungen über die Verkleisterung von Weizen- und anderen Stärken mit dem Amylograph. Anker, C.A. und Geddes, W.F. Cereal Chem. 21. 335-60 (1944).

Neue Versuche zur Bestätigung der chemischen Vorgänge bei der Verkleisterung der Stärke. Lepeschkin, W.W. Kolloid-Z. 101. 196-98 (1942) - Ref. C. 1943. I. 1038, C.A. 38. 6591 (1944).

Untersuchungen über die Verkleisterung der Stärke. V. Quantitative Bestimmung der Verkleisterungswärme. Küntzel, A. und Doehner, K. Kolloid-Z. 88. 209-15 (1939) - Ref. C. 1940. I. 1345.

Untersuchungen über die Verkleisterung der Stärke. 4.Mitt. Der Einfluß einer Behandlung mit Cr^{III} - Salzen auf die Verkleisterung der Stärke. Küntzel, A. und Doehner, K. Kolloid-Z. 86. 258-62 (1939) - Ref. C. 1939. I. 4195.

Untersuchungen über die Verkleisterung der Stärke. 3.Mitt. Der Zusammenhang zwischen Hydratation und Verkleisterung der Stärke. Küntzel, A. und Doehner, K. Kolloid-Z. 86. 254-57 (1939) - Ref. C. 1939. I. 4195.

Untersuchungen über die Verkleisterung der Stärke. II. Thermometrische und konduktometrische Messungen in Stärkesuspensionen während der Verkleisterung. Küntzel, A. und Doehner, K. Kolloid-Z. 86. 130-34 (1939) - Ref. C. 1939. I. 4194.

Untersuchungen über die Verkleisterung der Stärke. I. Lichtelektrische und ultramikroskopische Analyse der Verkleisterung. Küntzel, A. und Doehner, K. Kolloid-Z. 86. 124-30 (1939). - Ref. C. 1939. I. 4194.

Verwendung des von Kurnakow vorgeschlagenen Pyrometers bei der Untersuchung von Veränderungen in Stärke. Nasarow, W.I. und Nikolaew, A. C.R. Acad.Sci. URSS (russ.) 24. 263-65 (1939).

Die Verkleisterungscharakteristik der Stärke und ihr Einfluß auf die Qualität von Getreide, Mehl und sonstigen stärkehaltigen Erzeugnissen. Müller, G.J. VI Congr.int.techn.chim. Ind.agric.,Budapest, C.R. 2. 529-37 (1939) - Ref. C. 1939. II. 4392.

Anwendung des Pyrometers von N.S. Kurnakow bei der Untersuchung der Verkleisterung von Kartoffelstärke. Nasarow, W.I. und Nikolajew, A.V. C.R. (Doklady) Acad.Sci.URSS (russ.) 20. 569-70 (1938) - Ref. C. 1940. I, 474.

Der Einfluß der Griffigkeit des Roggenmehles und des Feinheitsgrades des Roggenschrotes auf die Verkleisterungsfähigkeit der Stärke. Schmidt, E.A. und Scholz, H. Mühle 75. Suppl. 8. 185-94 (1938) - Ref. C. 1939. I. 1678.

Die Stärke. Versuch einer strukturchemischen Erklärung der Kleisterbildung. Schmorl, Karl Z.ges.Getreide-,Mühlen- u. Bäckereiwes. 25. 14-21 (1938) - Ref. C. 1938. I. 2800.

Abhandlungen zur physikalischen Chemie der Stärke und der Brotbereitung. XXX. Über die Spaltung der Verkleisterung in zwei Stadien; im ersten ändert sich das Röntgenspektrum, im zweiten quellen die Stärkekörner. Katz, J.R. und Seiberlich, J. Z.physik.Chem.Abt. A 183. 146-52 (1938) - Ref. C. 1939. II. 1189.

Verkleisterungsdiagramme von Roggen und Roggenmehl in Abhängigkeit von Temperatur und Zeit. Mueller, Gerh. Mühle 74. 1397-98 (1937) - Ref. C. 1938. I. 758.

Photomikrographische Darstellung der Verkleisterungs- und Retrogradationsveränderungen in Mais- und Weizenstärken. Woodruff, S. und MacMasters, M. Illinois Agric.Exp.Stat.,Bull. 1936. 445.

Chemische Reaktionen während der Kleisterbildung. Lepeschkin, W.W. Kolloid-Z. 70. 312-13 (1935) - Ref. C. 1935. II. 855.

Lösliche Amylophosphorsäuren und die Natur der kleisterbildenden Stärkefraktionen. Samec, M. Cereal.Chem. 13. 592-601 (1936) - Ref. C. 1937. I. 453.

Über die Verkleisterung der Stärke im Brot. Katz, J.R. Russ.-dtsch.Nachr.Wiss.Techn. (russ.) 1934. Nr. 11. 32-38.- Ref. C. 1935. II. 1460.

Abhandlungen zur physikalischen Chemie der Stärke und der Brotbereitung. XVI. Wiederverkleisterung des retrogradierten Stärkekleisters (im Zusammenhang mit der Frage der gewachsenen Struktur des Stärkekorns.) Katz, J.R. und J.C. Derksen Z.physic.Chem.Abt.A. 168. 334-38 (1934) - Ref. C. 1934. II. 3687.

Röntgen-Untersuchung der Verkleisterung und Retrogradation von Stärke in ihrer Bedeutung für die Brotforschung. Katz, J.R. Bakers Weekly 81. 34-37, 46 (1934).

Über die hohe Elektrolytempfindlichkeit des Warmverkleisterungsprozesses der Kartoffelstärke und der dabei entstehenden kolloiden Systeme. Wiegel, E. Kolloid-Z. 67. 47-55 (1934) - Ref. C. 1934. II. 676.

Abhandlungen zur physikalischen Chemie der Stärke und der Brotbereitung. XIII. Die Verkleisterung verschiedener nativer Stärkearten mit viel Wasser, vergleichend untersucht. Katz, J. R. und Itallie, Th.B. van Z.physik.Chem.Abt.A. 166. 27-42 (1933) - Ref. C. 1933. II. 3927.

Die Verflüssigung des Stärkekleisters. Pringsheim, H., Borchardt, H. und Lewy, R. Naturwissenschaften 21. 299-300 (1933) - Ref. C. 1933. II. 694.

Zur Kenntnis der lyophilen Kolloide. XX.Mitt. Capillarelektrische Ladung und Hydratation als Zustandsvariablen der hydrophilen Gele: Die Verkleisterung der Kartoffelstärke. Hoeve, I.A. van der und Bungenberg de Jong, H.G. u. Kruyt, H.R. Kolloid-Beih. 39. 105-38 (1933) - Ref. C. 1934. I. 674.

Über den viskosimetrischen Effekt bei Verkleisterung von Stärken. II. Seck, W. Kolloid-Z. 64. 86-91 (1933) - Ref. C. 1933. II. 1982.

Über den viskosimetrischen Effekt bei derVerkleisterung von Stärken. I. Seck, W., Dittmar, F. und Blume, H. Kolloid-Z. 63. 347-52 (1933) - Ref. C. 1933. II. 1162.

Verkleisterungsverlauf von Kartoffelstärke und thermische Vorgeschichte. Wiegel, E. Z.Spiritusind. 56. 160 (1933) - Ref. C. 1933. II. 2068.

Verlauf der Warmverkleisterung von Kartoffelstärke, insbesondere bei verschiedener thermische Vorgeschichte. Wiegel, E. Kolloid-Z. 62. 310-24 (1933) - Ref. C. 1933. II. 946.

Über die Beeinflussung des Warmverkleisterungsverlaufs der Kartoffelstärke durch geringe Elektrolytmengen. Wiegel, E. Z. Spiritusind. 56. 62-63 (1933) - Ref. C. 1933. I. 3638.

Über die Verkleisterung der Stärke. Katz, J.R. Mühle 69. Nr.32. Mühlenlaboratorium 53-55 (1932) - Ref. C. 1932. II. 2753.

Die Verkleisterung der Stärke. Gorbatschew, S.W. J.Russ.phys.-chem.Ges. (russ.) 62. 355-64. (1930) - Ref. C. 1931. I. 256.

Zum Mechanismus der Stärkeverkleisterung. Gorbatschew, S.W. Biochem.Z. 224. 91-101 (1930) - Ref. C. 1930. II. 2254.

Abhandlungen zur physikalischen Chemie der Stärke und der Brotbereitung. IV. Verkleisterung der Stärke und Mercerisierung der Cellulose. Katz, J.R. und Derksen, J.C. Z.physikal.Chem. Abt.A. 150. 81-89 (1930) - Ref. C. 1930. II. 3870.

Abhandlungen zur physikalischen Chemie der Stärke und der Brotbereitung. III. Erster und zweiter Grad der Verkleisterung. Katz, J.R. und Rientsma, L.M. Z.physikal.Chem.Abt. A. 150. 67-80 (1930) - Ref. C. 1930. II. 3096.

Der Verkleisterungsvorgang bei der Kartoffelstärke und seine Beziehung zur Ausgiebigkeit. Sprockhoff, M. Z.Spiritusind. 52. 341-43, 350-51 (1929).

Kinetische Studien über Stärke-Verkleisterung. Über Kaltwasserverkleisterung von Stärken. Ekhard, W. Z.Spiritusind. 51. 67-68 (1928).

Kinetische Studien über Stärke-Verkleisterung.I. Ostwald, Wolfgang und Frenkel, Gerhard Kolloid-Z. 43. 296-312. (1927). - Ref. C. 1928. I. 655.

Über die Verkleisterung von Stärke in kaltem Wasser in Gegenwart von Alkalien oder Neutralsalzen. Reychler, A. Bull.Soc.Chim. Biologique 29. 118-122 (1920) - Ref. C. 1921. I. 563, W.Ref. 1350.

Über die Verflüssigung des Stärkemehls und der Stärke der Getreidekörner. Boidin, A. C.R.hebd.Séances Acad.Sci. 143. 511-512 (1906) - Ref. C. 1906. IV. 1563, W.Ref. 725.

Schlecht verkleisternde Maisstärke. Saare, O. Z.Spiritusind. 21. 405 (1898) - W.Ref. 2279.

Über die Kleisterbildung bei einigen Stärkesorten. Lintner, C.J. Wschr.Brauerei 6. 285-287 (1889) - Ref. C. 1889. I. 625, W. Ref. 1338.

Ueber die Kleisterbildung bei einigen Stärkesorten. Lintner, C.J. jr. Brennerei- u. Mälzereikalender 1888/89. 111-14.

Physikalisch-chemische Veränderungen der Stärkemehlkörner in den Kartoffeln beim Kochen derselben. (Auszug). Magerstein, Th. Chemiker-Ztg. 5. 288 (1881) - Ref. C. 1881. 288, W.Ref. 1407.

Reisstärkekleister. (Auszug). Chem.Soc.(London) Abstr. 26. 1072 (1873) - W.Ref. 1139.

852. Verkleisterungstemperatur

Bestimmung der Verkleisterungstemperatur von Stärke. Watson, S.A. in: Whistler, R.L. u.a., Methods in Carbohydrate Chem. Vol.IV., Academic Press 1964. S. 240-242.

Die Abhängigkeit der Verkleisterungstemperatur von Kartoffelstärke von der Korngrösse. Masslowa, G.M. und Gorin, L.F. Hochschulnachr. Nahrungsmittel-Technol.(russ.) 1963. Nr.6. 16-19.- Ref. C. 1964. 44-2484, Ref.J.Chem.(russ.) 1964. 20 R 288. Stärke 17. 364 (1965).

Eine Direktmethode zur Bestimmung der Verkleisterungstemperatur und des Verkleisterungsbereichs der Stärke. Oreschko, W.F. und Gorin, L.F. Zucker-Ind.(russ.) 35. Nr.1. 68-71 (1961). - Ref.J.Chem.(russ.) 1961. 14 N388. Stärke 14. 32 (1962), C. 1962. 18306.

Über die Verkleisterungstemperatur von Cassavestärkemehl (Manihot utilissima Pohl). Ophof, A.J. Chem.Weekbl. 33. 91-93 (1936). - Ref. C. 1936. I. 3230.

Herabsetzung der Verkleisterungstemperatur von ungesättigten Stärkederivaten. National Starch Products,Inc., übert. von: Caldwell, C.G. A.P. 2 825 727 vom 19/5. 1954, ausg. 4/3. 1958. - Ref. C. 1959. 11427.

Über die Verkleisterungstemperatur verschiedener Stärkearten. 2.Mitt. Versuche über eine Beeinflussung auf allgemeinem physikalischem und chemischen Wege. Kempf, W. Brot und Gebäck 11. 13-22 (1957) - Ref. C. 1958. 6411.

Über die Verkleisterungstemperatur verschiedener Stärkearten. 1.Mitt. Definitionen, Bestimmungsmethoden und Möglichkeiten einer allgemeinen, physikalischen sowie chemischen Beeinflussung. Kempf, W. Brot u. Gebäck 10. 233-38 (1956) - Ref. C. 1958. 2586.

Eigenschaften verschiedener Stärken. 2.Mitt. Vergleich einiger Eigenschaften derselben. Ohashi, K. Res.Bull.Fac.Agric., Gifa Univ. (Japan) Nr. 6. 107-18 (1956) - Ref. C.A. 51. 11746f (1957).

Eigenschaften verschiedener Stärkearten. 1.Mitt. Vergleich einiger Eigenschaften derselben. Ohashi, K. Res.Bull.Fac.Agric., Gifa Univ. (Japan) Nr. 5. 63-71 (1955) - Ref. C.A. 51. 11746e (1957).

Verkleisterungstemperaturen und deren Beeinflussung bei verschiedenen Stärkearten. Kempf, W. Stärke 7. 161-170 (1955) - Ref. C.A. 50. 17498i (1956), C. 1957. 283.

Bestimmung der Verkleisterungstemperatur verschiedener Stärkesorten und der Einfluss dieser Temperatur auf die Ausbildung von Auswuchsschäden am Gebäck. Kirschner, M. und Hoppe, H. Brot und Gebäck 9. 103-105 (1955) - Ref. C. 1956. 8778, C.A. 50. 3662i (1956).

Einfluss der trockenen Erhitzung auf Verkleisterungstemperatur, Viscosität und Puddingeffekt der Stärke. Dörner, H. Stärke 2. 73-77 (1950) - Ref. C. 1951. I. 1239.

Die Wirkung verschiedener Temperaturen und Zeiten auf die prozentuale Verkleisterung von Weizen- und Maisstärke und solche Stärken enthaltendes Getreide. Hughes, Osee, Green, Eloise und Camphell Cereal Chem. 15. 795-800 (1938) - Ref. C. 1939. I. 1678.

Abhandlungen zur physikalischen Chemie der Stärke und der Brotbereitung. XXVI. Das Röntgenspektrum und die optische Anisotropie als Mittel zur exakt Messung der mittleren Verkleisterungstemperatur; Erniedrigung der Verkleisterungstemperatur der Kartoffelstärke durch vorheriges Trocknen als Beispiel der Anwendung dieser Methode. Katz, J.R. und Derksen, J.C. Z. physik.Chem.Abt.A. 180. 405-22 (1937) - Ref. C. 1938. II. 203.

Über die Verkleisterungstemperatur von Cassavastärkemehl (Manihot utilissima Pohl). Ophof, A.J. Chem.Weekbl. 33. 91-93 (1936) - Ref. C. 1936. I. 3230.

Die grundlegenden physikalisch-chemischen Eigenschaften der Stärke von Ungernia trispaera. Strepkow, S.M. Trav.sci.Univ.Usbekistan (russ.) 6. 109-11 (1936) - Ref. C. 1937. I. 2693.

Über eine einfache Methode zur genauen Bestimmung der Verkleisterungstemperatur der Stärke nebst einigen Bemerkungen zum Vorgang der Verkleisterung. Fischler, F. und Schwaibold, J. Biochem.Z. 283. 322-38 (1936) - Ref. C. 1938. I. 2550.

Methoden zur Bestimmung der Verkleisterungstemperatur von Stärke. Smirnowa, M.A. Bull.appl.Botany, Genetics Plant Breed (russ.) Nr. 5. 301-08 (1935) - Ref. C. 1936. I. 3589.

Abhandlungen zur physikalischen Chemie der Stärke und der Brotbereitung. XV. Über die scharfe untere Temperaturgrenze der Verkleisterung und ihr Variabilität bei den einzelnen Körnern eines Stärkemusters. Katz, J.R. und Hanson, E.A. Z.physic. Chem.Abt.A. 186. 321-33 (1934) - Ref. C. 1934. II. 3687.

Abhandlungen zur physikalischen Chemie der Stärke und der Brotbereitung. X. Über die Wärmeverkleisterung als Grenzprozess und die Bedeutung dieser Tatsache für die Beurteilung der verschiedenen Methoden zur Bestimmung der Verkleisterungstemperatur. Katz, J.R. Z.physikal.Chem.Abt.A. 158. 346-54 (1932) - Ref. C. 1932. I. 2395.

Glycerinum amyli, B.P. Knight, N. Chemist and Druggist 102. 496 (1925) - W.Ref. 822.

Die Verkleisterungstemperaturen von Roggen- und Weizenstärke. Herter, W. und Meyer, E. Ztschr.f.ges.Getreidewesen. 12. 43-44 (1920) - Ref. C. 1920. IV 142.

Die Unterscheidung der Weizen- und Roggenstärke auf Grund ihrer Verkleisterungstemperatur. Herter, W. Textilber.üb.Wissensch., Ind. u. Handel 1. 8-9, 31 (1920) - Ref. C. 1921. II. 76, W. Ref. 1349.

Die Bestimmung der Temperatur bei welcher Stärke gallertartig wird, mittels einer elektrisch heizbaren Kammer für den Mikroskopiertisch. Dox, Arthur W. und Roark, G.W.jr. Journ. Amer.Chem.Soc. 39. 742-745 (1917) - Ref. C. 1921. II. 76, W. Ref. 1346.

Die Bestimmung der Verkleisterungstemperatur von Sorghumstärke mittels eines Wärmekastens unter dem Mikroskop. Francis, C.K. und Smith, O.C. J.Ind.Engng.Chem. 8. 509-11 (1916) - Ref. C. 1918. I. 573, W.Ref. 1345.

Untersuchungen über die Verkleisterungstemperatur bei Stärkekörnern. Nyman, M. Z.Unters.Nahrungs- u. Genußmittel 24. 673-676 (1912) - Ref. C. 1913. I. 330, W.Ref. 1343.

853. Kleistereigenschaften

(Auch Verkleisterungsgrad. Vgl. auch "Viscosität, Lösungen und Kleister": 8713)

Viskositätsmessungen an Kartoffelstärkekleistern. Pałasinski, M. Acta agrar.et silsetr.Ser.roln. 4. 151-68 (1964) - Ref. Stärke 18. 254 (1966).

Strukturmechanische Eigenschaften von Stärkekleistern. Kowalewskaja, Je.I. und Kurilenko, O.D. Hochschulnachr.(Krasnodar), Nahrungsmittel-Technol.(russ.) 1964. Nr.1. 40-42.- Ref. C. 1964. 50-2759. Stärke 16. 269 (1964), Ref.J.Chem.(russ.) 1965. 2 R201.

Einflüsse von Lecithin auf die Eigenschaften von Stärkepaste. Kawakami, K. J.technol.Soc.Starch 10. 117-24 (1963) - Ref.J. Chem.(russ.) 1964. 3 R307.

Untersuchungen über die Syneresis von Stärkepaste. Maezawa, T. und Okubo, M. J.technol.Soc.Starch 10. 111-16 (1963) - Ref. J.Chem.(russ.) 1964. 3 R308.

Der Einfluß eines Zusatzes zur Stärkepaste von Albumin, Lecithin und anderer Stoffe und eine anschließende Trocknung nach der Methode der Sublimation auf die Eigenschaften des erhaltenen Endproduktes. Kichara, I. und Gose, M. Vacuum Chem. 11. Nr.3. 98-101 (1963) - Ref.J.Chem.(russ.) 1964. 2 R317.

Einfluß von Lecithin auf die Eigenschaften von Stärkekleister. Kawakami, K. J.technol.Soc.Starch (Japan) 10. 6-8 (1962) - Ref.J.Chem.(russ.) 1963. 11 R252, Stärke 16. 173 (1964).

Einflüsse von Fetten und nichtionischen oberflächenaktiven Stoffen auf Stärkekleister. Osman, E.M. und Dix, M.R. Cereal Chem. 37. 464-75 (1960) - Ref.J.Chem.(russ.) 1961 8 N351, C.A. 55. 1040d (1961), Stärke 13. 183 (1961), C. 1961. 17779.

Phasenentmischung in den Systemen Polymer-Polymer-Lösungsmittel. Lipatow, Ss.M. und Lipatowa, G.W. Kolloid-J.(russ.) 21. 517-21 (1959) - Ref. C. 1961. 855.

Über die Strukturbildung in Stärkekleister. Nedushii, A.A. und Kurilenko, O.D. Arb.Kiewer technol.Inst.Lebensmittel-Ind. (russ.) 1958. (1959) Nr.19. 119-22. - Ref.J.Chem.(russ.) 1961. 14 N389.

Eigenschaften von vorverkleisterten Stärken. Wollermann, L.A. und Makstell, E.W. Cereal Sci. today 3. 244-46 (1958) - Ref. C.A. 53. 1796b (1959), C. 1959. 10418.

Photometrie des Stärkekleisters. 2.Mitt. Einfluß des Fettgehalts der Stärke. Tamura, T., Hanno, Y. und Suzuki, S. J.technol. Soc.Starch (Japan) 5. 24-28 (1957) - Ref.C.A. 56. 15881f (1962).

Photometrie des Stärkekleisters. 1.Mitt. Bestimmung der Lichtdurchlässigkeit eines Stärkekleisters unter Verwendung eines Photocolorimeters. Tamura, T., Hanno, Y. und Suzuki, S. J.technol.Soc.Starch (Japan) 5. 17-23 (1957) - Ref. C.A. 56. 15881c (1962).

Über die Ursache der Trübung von Getreidestärkekleistern. Vorläufige Mitteilung. Suzuki, H. und Taketomi, N. J.chem.Soc. Japan, Ind.Chem.Sect. 60. 297-98 (1957) - Ref. C.A. 53. 6661g (1959).

Haltbarmachung von Kartoffeln zu Futterzwecken. 4.Mitt. Die analytische Bestimmung des Verkleisterungsgrades der Stärke in Kartoffeltrocknungsprodukten. Seibold, R. und Wegner, H. Stärke 8. 282-85 (1956) - Ref. C.A. 51. 17018b (1957), C. 1958. 9080.

Über den Einfluss von Ionen auf die Kleistereigenschaften der Stärke. Rüggeberg, H. Stärke 5. 109-113 (1953) - Ref. C. 1953. 8099.

Weizenstärkekleister. Gelatinierung und die Menge der gelösten Amylose. Kawamura, Y. und Takahashi, R. J.technol.Soc.Starch (Japan) 1. 36-39 (1953) - Ref. C.A. 49. 9945g (1955).

Beitrag zum Studium periodischer Fällungen. Liesegangsche Ringe in Stärkekleister. Taboury, M.F. und Bernuchon, J. Bull.Soc. chim.France 4. 1866-76 (1937) - Ref. C, 1938. I. 4298.

Die Wirkung einer Säuremodifikation auf einige Eigenschaften von Stärkekleistern. Gallay, Wilfred und Bell, Adam C. Canad.J. Res. 14. 381-90 (1936) - Ref. C. 1937. II. 303.

Abhandlungen zur physikalischen Chemie der Stärke und der Brotbereitung. XIV. Ist die Stärke im Stärkekleister krystallinisch oder amorph? Katz, J.R. und Derksen, J.C. Z.physic.Chem.Abt. A. 167. 129-36 (1933) - Ref. C. 1934. I. 1124.

Die Beziehung zwischen Konzentration und Wirkung verkleisternder Substanzen auf Stärke. Mangels, C.E. und Bailey, C.H. J.Amer. chem.Soc. 55. 1981-88. (1933) - Ref. C. 1934. I. 835.

Einige physikalische Eigenschaften des Stärkekleisters, der seine Festigkeit bei der Fabrikation erreicht. Furry, Margaret S. Washington: Gov't Pr. Off.; Sup't of Doc. 1932. (18 S.). 8°. 5c. - Ref. C. 1932. II. 138.

Über die Verkleisterung der Kartoffelstärke und über einige kolloidchemische Eigenschaften der Verkleisterungsprodukte. Nowopokroski, I. und Tschebotarewa, N. Kolloid-Z. 52. 302-04 (1930) - Ref. C. 1930. II. 2752.

Laboratoriumsmitteilungen für 1926 über den Warenprüfungsdienst in Amsterdam. Straub, Jan Chem.Weekblad 24. 111-15.- Ref. C. 1927. I. 2142.

Plastizität von Stärkekleister. Bergquist, C. J.physic.Chem. 29. 1264-65 (1925) - Ref. C. 1926. I. 1096, W.Ref. 1331.

Abtrennen der Stärke aus einer Paste. Biltris, A.N.H. Naturwetensch. Tijdschr. 3. 5-6 (1921) - Ref. C.A. 16. 3366 (1922), W.Ref. 801.

Beziehung zwischen der Größe der Stärkekörner und der Verzuckerung und Viskosität der Stärkekleister. Sawamura, S. J.sci. agric.Soc. (Japan) 195. (1918) - W.Ref. 1423.

854. Stärke-Gele und Gelatinierung

(Vgl. auch "Gelatinierte Stärke, Gele" : 353)

Untersuchung der chemischen Eigenschaften modifizierter gelatinierender Stärken nach der Methode der Säulenchromatographie. Archangelskii, P.M. und Grjuner, W.Ss. Zucker-Ind.(russ.) 40. Nr.6, 51-54 (1966).

Gelbildung - in Beziehung zur Konzentration von Amylose und dem Grad der Stärkequellung. Ott, M. und Hester, E.E. Cereal Chem. 42. 476-483 (1965).

Der Einfluß von Amylopektin auf die Eigenschaften von Stärkegelen. Cornell, H.J. Stärke 15. 43-50 (1963) - Ref. C. 1963. 20213. Ref.J.Chem.(russ.) 1963. 22 R325, C.A. 59. 14185c (1963).

Ein Versuch zur chromatographischen Untersuchung des Alterns von Stärkegallerten. Ssilina, N.P. und Nasarow, W.I. Hochschulnachr.Nahrungsmittel-Technol.(russ.) 1963. Nr.4. 37-39. - Ref. C. 1964. 16 - 2702. Ref.J.Chem.(russ.) 1964. 5 R328. C.A. 60. 791g (1964).

Einfluß des Hydratationsgrades der Stärke auf die Struktur von Gelen. Oreschko, W.F. und Korottschenko, K.A. Hochschulnachr. (Krasnodar), Nahrungsmittel-Technol.(russ.) 1962. Nr.4. 25-28 - Ref. C. 1963. 14505. Ref.J.Chem.(russ.) 1963. 5 R279.

Moderne Vorstellungen über die Gelbildung in Lösungen von Polymeren und über die Struktur von Gelen. Lipatow, Ju.Ss. und Proschljakowa, N.F. Fortschr.Chem.(russ.) 30. 517-31 (1961) - Ref. Stärke 14. 28 (1962).

Chromatographische Untersuchung der Alterung von Gallerten der Weizenstärke und von Weizenbrot. Nasarow, W.I. und Ssilina, N.P. Hochschulnachr.Nahrungsmittel-Technol.(russ.) 1961. Nr.1. 117-21.- Ref. Stärke 14. 30 (1962), C. 1963. 7572.

Ionen-Leitfähigkeit in Gelen von Weizenstärke. Collison, R. Nature (London) 188. 1105-06 (1960) - Ref.J.Chem.(russ.) 1962. 9 N336. C. 1962. 151.

Über das kontinuierliche Kochen von Gelees. Atchison, H.E. Gordian 60. Nr.1442. 32-34 (1960).

Ein Beitrag zur Bestimmung der Gelfestigkeit von Stärkepuddingen mit dem Gelatinometer. Müller-Mangold, D. Stärke 11. 196-200 (1959) - Ref. C. 1960. 7373. Ref.J.Chem.(russ.) 1960. Nr. 24184.

Gel-Eigenschaften einiger gewöhnlicher und wachsartiger Maisstärken. Wollermann, L.A. Cereal Sci.today 4. 270-72 (1959) - Ref.J.Chem.(russ.) 1960. Nr. 86510. C.A. 54. 4960 (1960). C. 1960. 16964.

Die Änderung der struktur-mechanischen und rheologischen Eigenschaften von Stärkegelen bei der Einwirkung von Säuren. Ssenachow, A.W. und Ssadow, F.I. Kolloid-J.(russ.) 21. 692-707 (1959) - Ref. Stärke 12. 280 (1960), C. 1961. 13573. C.A. 55. 9919d (1961).

Die Verfestigung von Stärkegelen in Abhängigkeit von der Temperatur. Sterling C. Manufact.Confectioner 38. 21-22, 25 (1958) - Ref. Stärke 11. 139 (1959),- C.A. 52. 6664a (1958).

Diffusion und Thermodynamik des Wassers in Kartoffelstärkegel. Fish, B.P. in: Fundamental aspects of the dehydration of foodstuffs. Papers Conf., Aberdeen 1958. 143-57. - Ref. C.A. 54. 37811 (1960).

Veränderungen der Absorption von Ultraschallwellen beim Gelierungsprozeß von hochpolymeren Lösungen. Yamada, Y. und Wada, Y. J.appl.Physics (Japan) 26. 368-73 (1957) - Ref. C.A. 51. 17335e (1957).

Nachlassen der Spannungen in Stärkegelen. Sterling, Clarence Cereal Chem. 34. 238-46 (1957) - Ref. C.A. 51. 14159c (1957), C. 1958. 5823.

Messung des Nachlassens von Spannungen in Stärkegelen. Chichester C.O. und Sterling, Cl. Cereal Chem. 34. 233-37 (1957) - Ref. C.A. 51. 14303d (1957), C. 1958. 5823.

Beziehungen zwischen dem Alter und dem Nachlassen der Spannungen in Stärkegelen. Sterling, C. Food Res. 21. 680-88 (1956) - Ref. C. 1958. 12551, C.A. 53. 208651 (1959).

Der Einfluss von Saccharose auf die Eigenschaften einiger Stärken und Mehle. Hester, E.E., Briant, A.M. u. Personius, C.J. Cereal Chem. 33. 91-101 (1956) - Ref. C. 1959. 10085.

Die elatischen Eigenschaften verdünnter wässeriger Gele. Hastewell, L.J. und Roscoe, R. Brit.J.appl.Physics 7. 441-47 (1956) - Ref. C. 1957. 9587.

Ein registrierender Gel-Prüfer. Hjermstad, E.T. Cereal Chem. 32. 200-207 (1955).

Eigenschaften von Kartoffelstärkegelen. Willigen, A.H.A.de Stärke 5. 233-39 (1953) - Ref. C. 1954. 3823, C.A. 48. 2400e (1954).

Strukturbildung in Stärkegallerten bei der Aufbewahrung. Bessonow, Ss.M. und Kalinina, M.M. Fragen d.Ernähr. (russ.) 12. Nr.4. 56-64 (1953). - Ref. C. 1950/54. 2908 S, Stärke 6. 57 (1954), C.A. 48. 301f (1954).

Weitere Erfahrungen über die Gelfestigkeits-Bestimmung von Stärken mit dem Brabender-Gelographen. Dostal, L. Stärke 5. 4-7 (1953) - Ref. C. 1953. 4456.

Gelelastizität. 3.Mitt. Gelschmelzpunkt und Grenzkonzentration der Elastizität. Hirai, N. J.chem.Soc.Japan, pure Chem.Sect. 73. 68-70 (1952) - Ref. C. 1956. 3502.

Bestimmung der Gelfestigkeit von Stärkekleistern mit dem Gelographen. Pagenstedt, B. Getreide und Mehl 1. 74-76 (1951).

Die Bestimmung des Dickungsvermögens von Nährmitteln mit dem Gelometer. Dörner, H. Getreide und Mehl 1. 14-16 (1951).

Messungen der Eigenschaften von Roggenstärkegelen. Bechtel, Welker G. J.Colloid Sci. 5. 260-70 (1950) - Ref. C. 1951. I. 60.

Gemische hydrophiler Kolloide. I.Mitt. Physikalisch-mechanische Eigenschaften von Stärke-Agar-Gelen und -Solen. Morosow, A.A. und Ogorodnik, Ss.T. Kolloid-J.(russ.) 12. 452-59 (1950) - Ref. C. 1952. 3662.

Zur Synaerese von Kartoffelstärke-Gelen. Ohm, Klaus und Reitstötter, J. Kolloid-Z. 115. 165-67 (1949) - Ref. C. 1949. E. 4123.

Kartoffelstärke-Gele. Whittenberger, R.T.und Nutting, G.C. Ind.Engng.Chem. 40. 1907 - 13. (1948) - Ref. Stärke 1949. I. 103, C. 1948. E. 676.

Ein verbessertes Verfahren für die Messung der Gelfestigkeit sowie Unterlagen über Stärkegele. Hamer, W.J. J.Res.nat. Bur.Standards, 39. 1. 29-37. (1947) - Ref. Stärke 2. 281. (1950).

Untersuchungen an Stärke. Gelierfähigkeit von Stärkesorten in Wasser und wässrigem Pyridin. Mullen, J.W. und Pacsu, E. Ind.Engng.Chem., ind.Edit. 34. 807-12 (1942) - Ref. C. 1948. II. 1440, C.A. 36.50488 (1942).

Ein Gelometer für Stärkepasten. Hixon, R.M. und Brimhall, Bernadine Ind.Engng.Chem. analyt.Edit. 13. 193-94. (1941) - Ref. C. 1942. I. 3267.

Zur Kenntnis der Stärkegallerten. Seck, W. und Fischer, G. Kolloid-Z. 93. 207-224 (1940).

Verbesserter Delaware-Gallertfestigkeitsprüfer. Baker, George,L. Fruit Products J.Amer.Vinegar Ind. 17. 329-30 (1938) - Ref. C. 1938. II. 2860.

Der Einfluss oberflächenaktiver Substanzen auf die Strukturbildung von Gelatinesolen. Zhigatch, K.F., Rehbinder, P.A. und Edelman, G.G. C.R. (Doklady) Acad.Sci. URSS(russ.) 21. (N.S.6) 392-95 (1938) - Ref. C. 1939. II. 342.

Die Eigenschaften von Polymeren in Lösung. IX. Bildung von Gelen. Meyer, Kurt, H. und Wyk, A. van der Helv.chim.Acta 20. 1331-34 (1937) - Ref. C. 1938. I. 4165.

Gelatinierung von Stärke bei Gegenwart von Phosphaten. Kukl, H. Mühlenlabor 7. 95 (1937).

Bestimmung der Gelatinierungstemperatur von Stärkearten. Eine photoelektrische Methode. Cook, D.H. und Axtmayer, Joseph, H. Ind.Engng.Chem., Analyt.Edit. 9. 226-28 (1937) - Ref. C. 1937. II. 2276.

Einfluß von ein- und mehrwertigen Alkoholen, sowie von Mono- und Polysacchariden auf die Flüssigkeitsaufnahme durch Gele. Weber, L.I. und Lederer, Fritz Biochem.Z. 285. 115-22 (1936) - Ref. C. 1936. I. 4543.

Untersuchungen über das Gelatinierungsvermögen von Stärke. Dedek, J., Jelinek, B. und Kulccickyj Annales Fermentat. 2. 400-18 (1936) - Ref. C. 1937. I. 1584.

Kollektive Messungen an Polysaccharid- und Gelatinegelen im Gelatinometer. Kölbl, A. und Zakarias, L. Chem.Obzor 11. 158 (1936) - Ref. C. 1937. I. 1328.

Die Einwirkung auf Mais- und Weizenstärkegele durch Vorbehandlung der Stärken mit Frost oder Chemikalien. Woodruff, S. und MacMasters, M.M. Trans.Illinois State Acad.Sci. 29. 107-09 (1936) - Ref. C. 1938. I. 2457.

Untersuchung über einige Eigenschaften von Gelen. Yajnik, N.A., Goyle, D.N., Verma J.D. u. Rampal, C.L. Kolloid-Z. 73. 57-67 (1935) - Ref. C. 1937. I. 1109.

Röntgenspektrographische Beobachtungen über das Gelatinieren von Stärkesolen. Derksen, J.C. und Katz, J.R. Rec.Trav.chim. Pays-Bas 51. 523-26 (1932) - Ref. C. 1932. II. 1764.

Stärkegele. Woodruff, Sybil und Nicoli, Laura Cereal Chem. 8. 243-51 (1931) - Ref. C. 1931. II. 2796.

Elektrische Bestimmung der Gelierungstemperatur der Stärke. Mc Cracken, E.C. Physical Rev. (2) 35. 1423 (1930) - Ref. C. 1930. II. 3747.

Die Eigenschaften der Stärke in bezug auf die Zeit der Bildung von Stärke-Gelen. Chapman, O.W. und Buchanan, J.H. Iowa State College J.Sci. 4. 441-50 (1930) - Ref. C. 1931. II. 3557.

Über den Verlauf der Abkühlungskurven bei gelatinierenden Systemen. Fischer, Martin H. Kolloid-Z. 46. 359-66 (1928) - Ref. C. 1929. II. 399.

Studien zur Bildung von Liesegangschen Ringen und zur peptisierenden Wirkung einiger Gallerten. Chatterji, A.C. und Dhar, N.R. Kolloid-Z. 40. 97-112 (1926) - Ref. C. 1927. I. 36.

Über das Gelatinieren durch Hitze von Weizen- und Maisstärke. Alsberg, C.L. und Rask, O.S. Cereal Chemistry 1. 107-16 (1924) - Ref. C. 1925. II. 1565.

Über einige Vorgänge und Zustände in photographischen Bindemitteln und anderen Gelen. Schaum, K. Kolloid-Z. 36. Zsigmondy Festschr. 199-203 (1925) - Ref. C.A. 19. 2897 (1925), C. 1925. II. 629, W.Ref. 1304.

Über Gelatinisation von Weizen- und Maisstärke durch Hitze. Alsberg, C.L. und Rask, O.S. Proc.Soc.exp.Biol.Med. 21. 533 (1924) - Ref. C. 1925. I. 1819.

Über die Theorie der Gele. Bradford, S.C. Biochem.J. 15. 553-562 (1921) - W.Ref. 1272.

Methode zur Herstellung und einige Eigenschaften eines Stärkegels. Carey, C.L. Bull.Torrey bot.Club 47. 455-463 (1920) - W.Ref. 1167.

Ist die Versteifung ein Gleichgewichtsprozeß, der durch das Massenwirkungsgesetz beherrscht wird? Katz, J.R. Kon.Akad. Wetensch.Amsterdam, Versl. 23. 1150-1159 (1915) - W.Ref. 771.

Zur Kenntnis der Gallerten. Meyer, Arthur Kolloidchem.Beih. 5. 1-48 (1913) - Ref. C. 1913. II. 1643, W.Ref. 580.

Einige Eigentümlichkeiten der Stärke bezüglich ihres Versteifungsvermögens. Harrison, W. J.Soc.Dyers Colourists 27. 84-88 (1911) - Ref. C.A. 6. 298 (1912), W.Ref. 1312.

Über die kollidalen Eigenschaften der Stärke und über ihre spontane Gelbildung. Fouard, E. C.R.hebd.Séances Acad.Sci. 147. 931-933 (1908) - Ref. C. 1909. I. 68, W.Ref. 1381.

Niederschlagmembranen und Zellen in Gallerten oder Lösungen von Leim, Eiweiß und Stärke. Quincke, G. Ann.Physik. 11. F.4; 449-488 (1903) - W.Ref. 1230.

855. Stärke-Filme und -Fäden

(Vgl. auch "Filmherstellung, Patente", 475)

Einige die Reißfestigkeit von Stärkefilmen beeinflussende Faktoren. Lloyd, N.E. und Kirst, L.C. Cereal Chem. 40. 154-61 (1963) - Ref. C.A. 59. 829f (1963), C. 1964. 37-2692, Stärke 16. 342 (1964).

Verfahren zur Herstellung von Amylose-Filmen. United States of America as represented by the Secretary of Agriculture (Erfinder: Wohlrabe, F.C., Mark, A.M., Roth, W.B. und Mehltretter, C.L.). A.P. 3 116 351 vom 21/9. 1962., ausg. 31/12. 1963. - Ref.J.Chem.(russ.) 1965. 15 R292.

Über die physikalischen Eigenschaften eines Stärkefilms. Sekine, S. und Wakagi, G. Teijin Times 30. Nr.5. 16-20 (1960) - Ref. J.Chem.(russ.) 1961. Nr. 10 N320.

Molekulare Bindung in Stärkefilmen. Hull, G.A. und Schoch, Th.J. Tappi 42. 438-45 (1959) - Ref. C.A. 53. 20867d (1959), Stärke 12. 32 (1960), C. 1960. 15262.

Maisamylose- und Amylosetriacetatfasern. Wolff, I.A. Ind.Engng. Chem. 50. 1552 (1958) -Ref. C.A. 53. 2629g (1959), Stärke 11. 249 (1959).

Fasern aus Amylosetriacetat. Whistler, R.L. und Richards, G.N. Ind.Engng.Chem. 50. 1551 (1958) - Ref. C.A. 53. 4746c (1959), C. 1959. 13976.

Die Abnutzungsbeständigkeit von Stärkefilmen. (Vorl.Mitt.) Ramasztéder, K. Magyar Chem. Folyóirat (Ung.Z.Chem.) 63. 263-64 (1957) - Ref. C. 1958. 12413, C.A. 52. 4220f (1958).

Eigenschaften und Anwendung von Nu Film-Stärke. Allen, M.H., Gravel, A.C. und Cosgrove, F.P. J.Amer.pharmac.Assoc. 45. 753-58 (1956) - Ref. C.A. 51. 2314h (1957), C. 1958. 4866.

Der Einfluss von Wärmestrahlung auf den elektrischen Widerstand von hydrophilen organischen Filmen. Niven, C.D. Canad.J. Physics 31. 1095-1105 (1953) - Ref. C. 1956. 5574.

Darstellung von Filmen aus Amylose. Wolff, Ivan A., Davis, H.A., Cluskey, J.E., Gundrum, L.J. u. Rist Carl E. J.Ind.Eng.Chem. 43. 915-919 (1951) - Ref. Stärke 3. 265 (1951), C. 1952. 379.

Orientierte Fäden von Amylose und Alkali-Amylose. Senti, F.R. und Witnauer, L.P. J.Amer.chem.Soc. 68. 2407-08 (1946) - Ref. C. 1946. II. 3062.

Film-Eigenschaften und Anwendung eines Harz-Stärke-Gemisches. Kesler, C.C., Killinger, J.E. und Hjermstad, E.T. Paper Trade J. 122. Nr.13. 39-43 (1946).

Mechanische Eigenschaften von Filmen aus Amylose, Amylopektin und Stärkeacetaten. Whistler, R.L. und Hilbert, G.E. Ind. Engng.Chem. 36. 796-98 (1944) - Ref. C. 1946. II. 1439.

Filmbildende Eigenschaften von Acetaten bei fraktionierter Stärke. Whistler, R.L. und Hilbert, G.E. Mod.Plastics 20. Nr.9. 138-39 (1943).

Orientierung in gestreckten Amylosetriacetatfilmen. Whistler, R.L. und Schieltz, N.C. J.Amer.chem.Soc. 65. 1436-37 (1943) - Ref. C. 1945. I. 1233.

Filme und Kunststoffe aus Stärke. Seiberlich, J. Mod.Plastics 18. Nr. 7. 64-65, 98 (1941) - Ref. C. 1943. II. 1236.

Hydrolyse von Stärkefilmen durch Bestrahlung mit polarisiertem Infrarotlicht. Semmens, Elizabeth Sidney Nature (London) 144. 379-80 (1939) - Ref. C. 1940. I. 1345.

Glas aus Kartoffelmehl. Chem.Weekbl. 34. 221-22 (1937) - Ref. C. 1937. II. 454.

Untersuchungen über die Spinnbarkeit flüssiger Systeme. Erbring, H. Kolloid-Beih. 44. 171-237 (1936) - Ref. C. 1937. I. 551.

Untersuchungen an trägerlosen Stärkefilmen. Seck, W. und Brem, R. Kollid-Beih. 45. 99-148 (1936) - Ref. C. 1937. I. 4618.

Studien über Pflanzenkollide. 42. Einfluss von Kristalloiden auf die Zustandsform der Amylosen unter besonderer Berücksichtigung der Spinnbarkeit. Samec, M. Kolloid-Beih. 43. 272-86 (1936) - Ref. C. 1936. I. 4688.

Studien über Pflanzenkolloide. XXXIX. Das Fadenziehen der Stärkelösungen. Samec, M. und Budanko, B. Kolloid-Z. 67. 258-64 (1934) - Ref. C. 1935. I. 35.

Über den Einfluss von polarisiertem Licht auf Stärkefilme. Navez, A.E. Science 72. 13 (1930) - Ref. C. 1930. II. 2254.

Resorcin-Stärkefilme. Pokorny, Jos. Kunststoffe, 17. 31-32 (1927) C. 1927. I. 1910.

86. Stabilität und Empfindlichkeit von Stärkesystemen

860. Allgemeines

Über die Wirkung der Invertseife auf hydrophile Kolloide. Sato, K. Kolloid-Z., Z.Polymere 181. 52-59 (1962) - Ref. C.A. 57. 1589g (1962).

Untersuchung der Koagulation der Lösungen von Stärkederivaten. Ishitobi, K. Ind.Water (Japan) Nr. 23. 27-30 (1960) - Ref. J.Chem.(russ.) 1961. Nr. 10 N319.

Stabilität von kolloiden Systemen. Rabinowitsch, A.I. Fortschr. Chem.(russ.) 10. 16-31 (1941) - Ref. C. 1941. II. 1832.

Studien über die Stabilität grobdispergierter Teilchen in Lösungen. Werner, Hans Ber.Dtsch.chem.Ges. 60. 1040-45 (1927) - Ref. C. 1927. II. 27.

861. Suspensionen und Sedimentation

(Auch Emulsionen, Diffusion. Vgl. auch "Viscosität, Suspensionen": 8712)

Über die Aufstellung der Verteilungsfunktion eines polydispersen Systems aus den Dichteänderungen der Suspension. Awdejew, N. Ja. Kolloid-J.(russ.) 25. 136-41 (1963) - Ref. C. 1963. 21444.

Eine vorläufige Mitteilung über den Einfluß des pH-Wertes auf die Sedimentationsgeschwindigkeit der Cassavastärke im Wasser. Soliven, F.A. und Bonecilio, E. Philippine J.Sci. 88. 103-17 (1959) - Ref. C. 1962. 13978.

Anwendung des Sedimentationsgrundsatzes von Archibald für paucidisperse makromolekulare Systeme. Erlander, S.R. und Foster, J.F. J.Polymer Sci. 37. 103-22 (1959) - Ref. C.A. 53. 21048c (1959).

Bestimmung des mittleren Oberflächendurchmessers von gefärbten Emulsionen durch Reflexion und die Anwendung auf Untersuchungen der Emulsionsstabilität. Lloyd, N.E. J.Colloid Sci. 14. 441-51 (1959).

Verminderung des Wassergehaltes von Stärkesuspensionen. Anheuser-Busch, Inc. E.P. 868 901 vom 18/9. 1959., ausg. 25/5. 1961. id, mit A.P. 2 913 359. - Ref. C. 1962. 8452.

Untersuchung der Accumulation und Persistenzzeit des Ultraschall-Streifengitters von Stärkesuspensionen in Lösungen. Ramachandra, R.B. und Krishnamurty, C. Nuovo Cimento 11. 212-19 (1959) - Ref.J.Chem.(russ.) 1959. Nr. 81602.

Sedimentationsanalyse von Kartoffelstärke. Samotus, B. und Pałasiński, M. Zeszyty Naukowe Wyzszej Szkoly Rolniczej.Kraków, Rolnictwo 4. 119-44 (1958) - Ref. C.A. 53. 15610g (1959).

Sedimentationscharakteristiken von Glykogen. Orrell jr.,St.A. und Bueding, E. J.Amer.chem.Soc. 80. 3800 (1958) - Ref. C. 1959. 6501.

Sedimentations-Koeffizient-Bestimmungen mit einigen Zuckern und Dextrinen. Webber, R.V. J.Amer.chem.Soc. 78. 536-41 (1956).

Sedimentationsvolumen von Pulvern. Goto, Rempei und Hirai, Nishio Bull.Inst.Chem.Res.,Kyoto Univ. 28. Nr.3. 67-68 (1952) - Ref. C. 1953. 9402.

Teilchenbewegungen in Suspensionen bei Scherbeanspruchung. 1.Mitt. Rotationen. Trevelyan, B.J. und Mason, S.G. J.Colloid Sci. 6. 354-67 (1951) - Ref. C. 1952. 3944.

Zur Berechnung der Konzentration von Stärke-Wasser-Suspensionen. Smirnow, W.A. J.angew.Chem.(russ.) 23. 1397-1400 (1950) - Ref. C.A. 46. 8463h (1952).

Zur Berechnung der Konzentration von Stärkesuspensionen. Smirnow, W.A. J.angew.Chem.(russ.) 23. 1315-19 (1950) - Ref. C. 1951. II. 2671, C.A. 46. 5933b (1952).

Ultrazentrifugale und Diffusionseigenschaften von methyliertem Glykogen. Record, Basil R. J.chem.Soc. (London) 1948. 1567-74. - Ref. C. 1948. E.590.

Diffusion, Sedimentation und Viscosität bei Lösungen verzweigter Fadenmolekel. Kuhn, Werner und Kuhn, Hans Helv.Chim.Acta 30. 1233-56 (1947) - Ref. C. 1948. II. 1055.

Der Einfluss von Wasserspuren auf die Plastizität von Stärke- und Quarzsuspensionen in organischen Flüssigkeiten. Kruyt, H. R. und Selms, F.G.van Recueil Trav.chim.Pays-Bas 62. 407-14 (1943) - Ref. C. 1943. II. 2138.

Chromatische Suspensionen von löslicher Stärke in Benzol. Sato, K. Bull.Chem.Soc.Japan 17. 31-38 (1942) - Ref. C. 1946. II. 237.

Thixotropie von Suspensionen in apolaren Flüssigkeiten. Kruyt, H.R. und Selms, F.G.van Proc.Kon.nerderl.Akad.Wetensch. 43. 1171 (1940) - Ref. C. 1941. I. 2225.

Dilatanz und ihre Beziehung zur Thixotropie. Freundlich, H. und Röder, H.L. Trans.Faraday Soc. 34. 308-16 (1938) - Ref. C. 1938. II. 4037.

Messungen von Konzentrationsgefällen bei der Sedimentation und Diffusion mit Hilfe von refraktometrischen Methoden. Lamm, Ole Nova Acta Reg.Soc.Sci.Upsaliensis (4) 10. Nr. 6. 5-111. (1937) - Ref. C. 1937. II. 1328.

Über die Sedimentationsgeschwindigkeit und Sedimentvolumen von nativer Kartoffelstärke bei Veränderung der Wasserstoffionenkonzentration. Wiegel, E. und Schüler, H. Kolloid-Z. 71. 65-73 (1935) - Ref. C. 1935. II. 337.

Die Diffusion kolloider Teilchen. IV. Der Einfluss der Ladung auf die Diffusionsgeschwindigkeit und auf deren Änderung während der Koagulation. Bruins, H.R. Kolloid-Z. 59. 263-66 (1932) - Ref. C. 1932. II. 1142.

Die Diffusion kolloider Elektrolyte und anderer geladener Kolloide. Hartley, G.S. und Robinson, Conmar Proceed.Roy.Soc. London.Serie A. 134. 20-35 (1931) - Ref. C. 1932. I. 2561.

Die Diffusion kolloider Teilchen. I. Abnorm grosse Diffusionsgeschwindigkeiten in hydrophilen Solen. Bruins, H.R. Kolloid-Z. 54. 265-72 (1931) - Ref. C. 1931. II. 974.

Die Diffusion kolloider Teilchen. II. Ein neuer Ioneneffekt in hydrophilen Solen. Bruins, H.R. Kolloid-Z, 54. 272-78 (1931) - Ref. C. 1931. II. 974.

Hysteresis bei Sedimentation. I. Iliin, Boris Z.f.physik.Chem. 122. 137-48 (1926) - Ref. C. 1926. II. 1515.

Adsorptions-und Diffusionserscheinungen im elektrischen Feld. Gicklhorn, J., Fürth, R. und Blüh, O. Z.f.physik.Chem. 123. 344-62 (1926) - Ref. C. 1927. I. 41.

Herstellung von Stärkeemulsionen. Leonhardt, W. D.R.P. 408 523 Kl. 22l vom 30/9. 1921, ausg. 19/1. 1925. - Ref. C. 1925. I. 1821.

Der ideale Diffusionskoeffizient und ein Grundgesetz bezüglich der Diffusion von in Flüssigkeiten gelösten Substanzen. Smith, G.McP. J.Amer.chem.Soc. 36. 847-864 (1914) - Ref. C. 1914. II. 911, W.Ref. 1260.

Studien über Pflanzenkolloide. II. Die Lösungsstabilität der Stärke. Samec, Max Kolloidchem.Beih. 4. 132-74 (1912) - Ref. C. 1913. I. 632, W.Ref. 1316.

Die freie Diffusion der Nichtelektrolyte. 2. Über die Hydrodiffusion einiger organischer Substanzen. Oholm, L.W. Medd. Kungl. Vetenskafsakad.Nobelinst. 2. Nr.23, 25 S (1912)- Ref. C.A. 7. 2506 (1913), C. 1913. I. 1649, W.Ref. 1253.

Die freie Diffusion der Nichtelektrolyte. 1. Über die Hydrodiffusion einiger optischaktiven Substanzen. Oholm, L.W. Z. physik.Chem. 70. Arrhenius-Festband, 2, 378-407 (1910) - Ref. C.A. 4. 1125 (1910), C. 1910. I. 1317, W.Ref. 1243.

862. Alterung (Retrogradation)

(Auch Lagerung von Stärke, Zustandsänderungen von Stärkelösungen und von Kleistern, Stärkerückbildung, "Amylocellulose", diastatische Coagulation. Vgl. auch "Altern, Lagerung, Lagerschäden": 121, "Altbackenwerden von Brot": 4145)

Zur Veränderlichkeit der physikalischen und chemischen Eigenschaften der Kartoffelstärke. 3.Mitt. Beschleunigung von Alterungsvorgängen durch Hitze-Feuchtigkeitsbehandlung. Schierbaum, F. Stärke 18. 110-15 (1966).

Zur Veränderlichkeit der physikalischen und chemischen Eigenschaften der Kartoffelstärke. 2.Mitt. Lagerungsveränderungen bei handelsüblichen Kartoffelstärken. 2.Folgeerscheinungen extrem langer Lagerung. Schierbaum, F. Stärke 18. 63-67 (1966).

Zur Veränderlichkeit der physikalischen und chemischen Eigenschaften der Kartoffelstärke. 2.Mitt. Lagerungsveränderungen bei handelsüblichen Kartoffelstärken. I. Folgeerscheinungen zweijähriger Lagerung. Schierbaum, F. Stärke 17. 324-31 (1965).

Zur Veränderlichkeit der physikalischen und chemischen Eigenschaften der Kartoffelstärke. 1.Mitt. Einfluß der industriellen Trocknung auf Kartoffelstärken. Schierbaum, F. Nahrung 9. 583-94 (1965) - Ref. Stärke 17. 338 (1965).

Lagerungsveränderungen bei handelsüblichen Kartoffelstärken. Schierbaum, F. Nahrung 8. 105-06 (1964) - Ref. Stärke 16. 172. (1964), C. 1965. 32-2920.

Bestimmung der Geschwindigkeit der Stärke-Retrogradation. Watson, S.A. in: Whistler, R.L. u.a., Methods in Carbohydrate Chem. Vol.IV., Academic Press 1964. S. 150-152.

Die fermentative Angreifbarkeit der Stärke bei ihrer Alterung. Kriwolapow, F.G., Ssinelnikowa, L.Je. und Schilowa, L.I. Hochschulnachr., Nahrungsmittel-Technol.(russ.) 1964. Nr.2. 24-25. - Ref. Stärke 16. 305 (1964), Ref.J.Chem.(russ.) 1964. 9 R364, 1965. 12 R331, C. 1965. 35-2894.

Über die Retrogradation von Knollenstärken. Hampel, G. Arbeitsgemeinsch.Getreideforsch. E.V., Ber. Getreidechem.-Tag. 1962. 59-69. - Ref. C. 1964. 31-2709.

Rolle der Wasserstoffkonzentration bei der Retrogradation von Stärkesolen. Kalb, A.J. und Sterling, C. J.appl.Polymer Sci. 6. 571-74 (1962) - Ref. C. 1964. 15-1001, Stärke 15. 158 (1963).

Reinigung von Stärke durch Verwendung oberflächenaktiver Substanzen. 9.Mitt. Der Stärkeverlust während der Lagerung von Naßstärke und die Stoffe in verunreinigter Stärke. Fujii, T. und Ohba, K. J.technol.Soc.Starch (Japan) 9. 77-79 (1962) - Ref. J.Chem.(russ.) 1963. 4 R258.

Untersuchungen über die Wertminderung von Naßstärke. 2.u.3.Mitt. Zusammensetzung organischer Säuren, die während der Lagerung und Trocknung entstanden sind. Hidaka, T. und Kanamura, K. J.technol.Soc.Starch (Japan) 9. 69-76 (1962) - Ref.J.Chem. (russ.) 1963. 5 R286, Stärke 14. 438 (1962).

Die Temperatur und die Retrogradation der Stärke. Kalb, A.J. und Sterling, C. J.Food Sci. 26. 587-92 (1961) - Ref.J.Chem. (russ.) 1962. 14 N334, C. 1963. 7569, C.A. 60. 12277f (1964).

Untersuchungen auf dem Gebiet der physikalischen Chemie der Kartoffelstärke. 3.Mitt. Physikalisch-chemische Veränderungen der Kartoffelstärke während der Alterung. Samotus, B. Roczniki Technologii i Chemii Żywności (Ann.Food Technol. Chem.) 8. 135-40 (1961) - Ref.J.Chem.(russ.) 1962. 15 N282, C. 1962. 11401, Stärke 14. 189 (1962).

Untersuchung der Retrogradation von Amylose. Holló, J., Szejtli, J. und Gantner, G.S. Stärke 12. 73-77 (1960) - Ref. C.A. 54. 13702g (1960), C. 1962. 2568.

Studien zur Retrogradation von gekochtem Reis. Ozaki, N. J.agric. chem.Soc.Japan 34. 1054-57 (1960).

Die Lagerung von Feuchtstärke. 1.Mitt. Allgemeine Informationen. Nikuni, Z. J.technol.Soc.Starch (Japan) 7. 143-45 (1960) - Ref. J.Chem.(russ.) 1962. 1 N358, C.A. 57. 8785a (1962).

Verderben von Rohstärke während der Lagerung. 1.Mitt. Hidaka, T. und Yokoyama, K. J.technol.Soc.Starch (Japan) 7. 51-53 (1959) - Ref. Stärke 14. 438 (1962), Ref.J.Chem.(russ.) 1962. 1 N360.

Die Untersuchung der Alterungserscheinungen der Amylose und des Amylopektins mit der Lichtzerstreuungsmethode. Ceh, M. und Vene, N. Stärke 11. 290-94 (1959) - Ref.J.Chem.(russ.) 1960. Nr. 71205, C. 1960. 11847, C.A. 54. 7291b (1960).

Neue Beiträge zur Chemie der Stärkefraktionen. 3.Mitt. Die Retrogradation der Amylose. Holló, J., Szejtli, J. und Gantner, G. Ung.Akad.Wiss.,Ber.Abt.chem.Wiss.(ung.) 11. 456-75 (1959) - Ref. C.A. 54. 4009g (1960), C. 1960. 4219.

Der Mechanismus der Retrogradation von Amylose. Holló, J., Szejtli, J. und Gantner, G.S. Periodica polytechn.(Budapest) chem. Ingenieurwes. 3. 163-66 (1959) - Ref. C. 1963. 7569, Stärke 17. 100 (1965).

Eine neue Methode zur Bestimmung der Retrogradation von Brotstärke. Hampel, G. Brot u. Gebäck 11. 142 (1957).

Eine potentiometrische Untersuchung der Änderung der Jodbindungskapazität von Amylose während der Retrogradation in verdünnter Lösung. Loewus, Frank A. und Briggs, D.R. J.Amer.chem. Soc. 79. 1494-97 (1957) - Ref. C. 1957. 10500, C.A. 51. 8835d (1957).

Lichtstreuungsuntersuchung der Retrogradierung von Amylose. Foster, J.F. und Sterman, M.D. J.Polymer Sci. 21. 91-101 (1956) - Ref. C.A. 51. 3239e (1957), C. 1957. 8822.

Neuere Beiträge zum Problem der Alterungserscheinungen von Stärke-Wasser-Systemen. Samec, M. Stärke 8. 107-109 (1956) - Ref. C. 1957. 9534, C.A. 51. 1634b (1957).

Über die amylolytische Aktivität von Canavalia-ensiformis-Samen unter besonderen experimentellen Bedingungen. 4.Mitt. Die zeitabhängige α-Amylase-Aktivität von C.ensiformis in Beziehung zum Phänomen der "Retrogradation" von Stärkelösungen. Leo, T.de und Barone, G. Ricerca sci. 25. 3350-55 (1955) - Ref. C. 1961. 2660.

Ursachen der Trübung von Cerealien-Stärkekleister. Suzuki, H. und Taketomi, N. J.chem.Soc.Japan,Ind.Chem.Sect. 58. 42-43 (1955) - Ref. C.A. 49. 12867b (1955), C. 1959. 11595.

Untersuchung über die Lagerung von Naßstärke. Yoritomi, R. und Yoshida, T. J.technol.Soc.Starch (Japan) 3. Nr.1. 13-15 (1955) - Ref. C.A. 51. 14302g (1957).

Das Altern und die "Retrogradation" von Stärkelösungen. 1.Mitt. Ulmann, M. Kolloid-Z. 140. 32-41 (1955) - Ref. C. 1955. 10530, C.A. 49. 16483a (1955), Stärke 7. 220 (1955).

Neuere Beobachtungen über zeitliche Veränderungen von Stärkelösungen. Samec, M. Stärke 7. 131-36 (1955) - Ref. C. 1956. 12702, C.A. 50. 13486c (1956).

Gelatinierung und Retrogradation von Stärke. Nikuni, Z. J.technol.Soc.Starch (Japan) 2. 1-3 (1954-55) - Ref. C.A. 49. 9945d (1955).

Über das Problem des Altbackenwerdens von Brot. Molekularer Aufbau von Stärke bei der Alterung konzentrierter Stärkegele bei verschiedenen Feuchtigkeitsgraden. Hellman, N.N., Fairchild, B. und Senti, F.R. Cereal Chem. 31. 495-505 (1954) - Ref. C.A. 49. 2635a (1955), C. 1956. 3440.

Die Retrogradation der Stärke im Ultrarotspektrum. Samec, M. Stärke 6. 87-90 (1954) - Ref. C. 1954. 11208.

Entwässerte Nahrungsmittel. Veränderungen in den physikalischen Eigenschaften der Stärke in Kartoffelgranulat während der Verarbeitung. Potter, A.L. J.Agric.Food Chemistry 2. 516-19 (1954) - Ref. C.A. 48. 7813a (1954), C. 1956. 3439.

Über die physikalischen und chemischen Eigenschaften der Stärke; Retrogradation von Amylose in Gegenwart und Abwesenheit von gelatinierenden Agentien und ähnlichen Verbindungen. Loewus, Frank A. Univ.Microfilms, Pub,No. 3414, 188 pp., Dissertation Abstracts 12. 238 (1952) - Ref. C.A. 46. 8884d (1952).

Einfluss der Lagerung auf den Feuchtigkeitsgehalt von Kartoffelstärkemehl. Rydzewski, E. Prace Głównego Inst. Przemysłu Rolnego i Spożywczego 2. H.4. 22-28 (1952).

Über Zustandänderungen in verdünnten Stärkelösungen. 1.Mitt. Chromatographische Untersuchungen. Ulmann, M. Kolloid-Z. 123. 105-113 (1951) - Ref. Stärke 3. 308 (1951), C.A. 46. 8930c (1952), C. 1953. 1026.

Gemische hydrophiler Kolloide. 2.Mitt. Untersuchung der Alterung und der Thixotropie von Stärke-Agar-Gelen. Morosow, A.A., Ogorodnik, Ss.T. und Rudi, W.P. Kolloid-J.(russ.) 13. 110-16 (1951) - Ref. C. 1952. 4893.

Trübung von Stärkelösungen. Willigen, A.H.A.de Korte Ber.Proefstat.Aardappelverwerk. 13. (1948) - Ref. Stärke 2. 23 (1950).

Die Fraktionierung von Kartoffelstärke. 6.Mitt. Retrogradation von Kartoffelsträke-Fraktionen. Lampitt, L.H., Fuller, C.H.F. und Goldenberg, N. J.Soc.chem.Ind. 67. 179-84 (1948) - Ref. C. 1948. E. 2884, C.A. 43. 427 (1949).

Über den Einfluss von Säurehydrolyse auf die Retrogradation von Amylose. Whistler, R.L. und Johnson, C. Cereal Chem. 25. 418-24 (1948).

Die Fraktionierung der Weizenstärke. VII Retrogradation von Stärkelösungen. Lampitt, L.H., Fuller, C.H.F. und Goldenberg, N. J.Soc.chem.Ind. 60. 175-84 (1941) - Ref. C. 1943. II. 783.

Studien über Pflanzenkolloide. XLVI. Die Alterung der Stärkelösungen, betrachtet vom kolloidchemischen, enzymatischen und röntgenspektrographischen Standpunkt aus. Samec, M und Katz, J.R. Kolloid-Beih. 49. 455-70 (1939) - Ref. C. 1940. I. 1345.

Abhandlungen zur physikalischen Chemie der Stärke und der Brotbereitung. XXVII. Einfluss von Ausfrieren auf das röntgenogra-phische Retrogradieren von Stärkekleister und von Stärkelösungen (unter besonderer Berücksichtigung der sogenannten unteren Grenzkonzentration des Retrogradierens.) Katz, J.R. und Weidinger, A. Z.physik.Chem. A. 180. 423-35 (1937) - Ref. C. 1938. II. 203.

Komplexbeziehungen in lyophilen kolloiden Systemen. VIII. Bungenberg de Jong, H.G., P.van der Linde u.A. De Haan. Recueil Trav.chim. Pays-Bas. 54. 17-37 (1935) - Ref. C. 1935. I. 3394.

Abhandlungen zur physikalischen Chemie der Stärke und der Brotbereitung. XXIV. Über die Hemmung, welchen das röntgenspektrographische Retrogradieren von Stärkekleister und Stärkelösungen durch Wärme erfährt. Katz, J.R. und Weidinger, A. Z.physik. Chem.Abt.A 171. 181-89 (1934) - Ref. C. 1935. I. 2908.

Abhandlungen zur physikalischen Chemie der Stärke und der Brotbereitung. XXIII. Über den Einfluss der Alkoholkonzentration auf das röntgenographische Retrogradieren von alkoholhaltigem Stärkekleister. Katz, J.R. Z.physic.Chem.Abt. A 170. 430-39 (1934) - Ref. C. 1935. I. 2273.

Abhandlungen zur physikalischen Chemie der Stärke und der Brotbereitung. XXII. Vergleichende röntgenspektrographische Beobachtungen über das Retrogradieren von Stärkekleister aus verschiedenen nativen Stärkearten. Katz, J.R. Z.physic.Chem.Abt.A 170. 421-29 (1934) - Ref. C. 1935. I. 2272.

Abhandlungen zur physikalischen Chemie der Stärke und der Brotbereitung. XXI. Über den Zusammenhang zwischen röntgenspektrographischen Änderungen einerseits und Änderungen im Quellungsvermögen und in der Menge löslicher Amylose andererseits beim Retrogradieren der Weizenstärke im ersten Grade der Verkleisterung (beurteilt nach Versuchen über die Hemmung des Altbackenwerdens des Brotes). Katz, J.R. und Weidinger Z.physik.Chem. Abt.A. 169. 339-60 (1934) - Ref. C. 1934. II. 3689.

Abhandlungen zur physikalischen Chemie der Stärke und der Brotbereitung. XX. Über den Zusammenhang der Änderungen der Stärke beim Altbackenwerden des Brotes und beim Retrogradieren von Stärkekleister. Katz, J.R. Z.physik.Chem.Abt.A. 169. 321-38 (1934) - Ref. C. 1934. II. 3688.

Abhandlungen zur physikalischen Chemie der Stärke und der Brotbereitung. V. Alle Stärkearten haben das gleiche Retrogradationsspektrum. Katz, J.R. und Itallie, Th.B.van Z.physikal.Chem. Abt.A. 150. 90-99 (1930) - Ref. C. 1930. II. 3871.

Coagulation und pflanzliches Leben. Amar, J. C.R.hebd.Séances Acad.Sci. 178. 1317-1319 (1924) - Ref. C.A. 17. 2361 (1924), W.Ref. 1392.

Eine Methode zur Messung der Koagulationsgeschwindigkeit kolloidaler Lösungen innerhalb weiter Grenzen. Paine, H.H. und Evans, G.T.R. Trans.Faraday Soc. 19. 649-58 (1924) - Ref. C. 1924. II. 21-26.

Über die Amylokoagulase. 2. das Verhältnis der Amylokoagulase zum sträkeverzuckernden Enzym.(Auszug). Joszt, A. Roczniki Nauk Rolniczych 11. 468-480 (1924) - Ref. C. 1925. I. 1327, C.A. 19. 3095 (1925), W.Ref. 1394.

Eine Methode, den Grad der Coagulation von kolloidalen Lösungen in weitem Umfang zu messen. Paine, H.H. und Evans, G.T.R. Trans.Faraday Soc. 19. 649-658 (1923-24) - Ref. C. 1924. II. 2126, W.Ref. 1391.

Über die Amylokoagulase. (Auszug). Joszt, A. Roczniki Nauk Rolniczych 10. 617-649 (1923) - Ref. C. 1925. I. 1327, W.Ref. 1393.

Untersuchungen über die Stärke. Reychler, A. Bull.Soc.chim. France 29. Sér.4; 833-836 (1921) - Ref. C.A. 16. 171 (1922), C. 1923. I. 296, W.Ref. 1389.

Studien über die Stärke. Reychler, A. Bull.Soc.chim.Belgique 30. 223-225 (1921) - W.Ref. 1390.

Der ausschlaggebende Einfluß des Dispersitätsgrades der Stärkelösungen auf die Erscheinung der sogen. Stärkekoagulation. Sallinger, H. Kolloid-Z. 25. 79-81 (1919) - Ref. C.A. 14. 949 (1920), C. 1919. III. 861, W.Ref. 1388.

Systematische Alterungsversuche mit den Lösungen verschiedener Stärkearten unter genauer Berücksichtigung des Zeitfaktors. Das Zeitgesetz der Alterung von Stärkelösungen. Sallinger, H. Kolloid-Z. 25. 111-115 (1919) - Ref. C. 1919. III. 861, W.Ref. 790.

Über die "Reversion der diastatischen Wirkung." Berczeller, L. Biochem.Z. 84. 37-41 (1917) - Ref. C.A. 12. 1299 (1918), C. 1918. I. 328, W.Ref. 1387.

Über die Anti-Amylokoagulase. (Auszug). Fernbach, A. und Wolff, J. Z.Spiritusind. 30. 97 (1907).

Über die kolloidalen Eigenschaften der Stärke. Fouard, E. C.R. hebd.Séances Acad.Sci. 144. 501-503 (1907) - Ref. C.A. 1. 1332 (1907), C. 1907. I. 1029, W.Ref. 1379.

Über die kolloidalen Eigenschaften der Stärke. Fouard, E. C.R. hebd.Séances Acad.Sci. 144. 1366-1368 (1907) - Ref. C.A. 1. 2313 (1907), C. 1907. II. 391, W.Ref. 1380.

Anti-Diastase und Anti-Amylokoagulase. (Auszug). Fernbach, A. und Wolff, J. Wschr.Brauerei 23. 743 (1906) - W.Ref. 1377.

Über die Rückbildung und die Zusammensetzung natürlicher Getreidestärke im Gegensatz zur Wurzel- oder Knollenstärke. Roux, E. C.R.hebd.Séances Acad.Sci. 142. 95-97 (1906) - Ref. C. 1906. I. 550, W.Ref. 1378.

Rückbildung und Verzuckerung künstlicher Stärken. Roux, E. Bull. Soc.chim.Paris 33. Sér. 3; 788-795 (1905) - Ref. C. 1905. II. 465, W.Ref. 1374.

Über die Rückbildung der künstlichen Stärken. Roux, E. C.R. hebd.Séances Acad.Sci. 140. 943-946 (1905) - Ref. C. 1905. I. 1375, W.Ref. 1373.

Über die Umwandlung der Amylozellulose in Stärke. Roux, E. Bull. Soc.Chim.Paris (3) 33. 471-75 (1905) - Ref. C. 1905. I. 1594.

Über die Rückbildung und Zusammensetzung der natürlichen Stärken verschiedener Herkunft. Maquenne, L. und Roux, E. C.R.hebd. Séances Acad.Sci. 142. 95 (1905).

Über die diastasische Coagulation der Stärke. Wolff, J. und Fernbach, A. C.R.hebd.Séances Acad.Sci. 140. 95-97 (1905) - Ref. C. 1905. I. 514, W.Ref. 1375.

Analogie zwischen der durch Amylokoagulase koagulierten Stärke und der Stärke aus Erbsen. Fernbach, A. und Wolff, J. C.R. hebd.Séances Acad.Sci. 140. 1547-1549 (1905) - Ref. C. 1905. I. 142, W.Ref. 1369.

Über die Bestimmung koagulierter Stärke und Amylocellulose. Wolff, J. Ann.Chim.analyt. 10. 389-392 (1905) - Ref. C. 1905. II. 1557, W.Ref. 1376.

Über die Umwandlung von Amylocellulose in Stärke. Roux, E. C.R. hebd.Séances Acad.Sci. 140. 440-442 (1905) - Ref. C. 1905. I. 864, W.Ref. 1372.

Über die diastasische Coagulation der Stärke. Fernbach, A. und Wolff, J. C.R.hebd.Séances Acad.Sci. 139. 1217-1219 (1904) - Ref. C. 1905. I. 356, W.Ref. 1363.

Neue Beobachtungen über die diastasische Bildung von Amylocellulose. Fernbach, A. und Wolff, J. C.R.hebd.Séances Acad.Sci. 138. 819-821 (1904) - Ref. C. 1904. I. 1198, W.Ref. 1362.

Über die Retrogradation des Stärkekleisters. Lévy, L. Bull. Assoc.Chimistes 22. 658-662 (1904-05) - W.Ref. 1365.

Untersuchungen über die Coagulation der Stärke. Fernbach, A. und Wolff, J. Ann.Inst.Pasteur 18. Nr. 3 (1904).

Beitrag zum Studium der Amylo-Koagulase. Boidin, A. Z.Spiritusind. 27. 99 (1904).

Über die Bildung und die Verzuckerung retrogradierter Stärke. Maquenne, L. C.R.hebd.Séances Acad.Sci. 138. 213-214 (1904) - Ref. C. 1904. I. 682, W.Ref. 1367.

Rückbildung und Coagulierung von Stärke. Maquenne, L., Fernbach, A. und Wolff, J. C.R.hebd.Séances Acad.Sci. 138. 49-51 (1904) - Ref. C. 1904. I. 467, W.Ref. 1366.

Untersuchungen über die Coagulation der Stärke. Fernbach, A. und Wolff, J. J.federat.Inst.Brewers 10. 216-237 (1904) - Ref. C. 1904. II. 47, W.Ref. 1364.

Untersuchungen über das Gerinnen gelöster Stärke. Wolff, J. Wochenschr.Brauerei 21. 335 (1904).

Beitrag zum Studium der Amylo-Coagulase. Boidin, A. C.R.hebd. Séances Acad.Sci. 137. 1080-1082 (1903) - Ref. C. 1904. I. 196, W.Ref. 1360.

Über die Retrogradation des Stärkekleisters. Maquenne, L. C.R. hebd.Séances Acad.Sci. 137. 1266-1268 (1903) - Ref. C. 1904. I. 466, W.Ref. 1361.

Über die Retrogradation des Stärkekleisters. Maquenne, L. C.R. hebd.Séances Acad.Sci. 137. 797-799 (1903) - Ref. C. 1904. I. 16, W.Ref. 1359.

Über die Coagulation der Stärke. Wolff, J. und Fernbach, A. C.R.hebd.Séances Acad.Sci. 137. 718-719 (1903) - Ref. C. 1903. II. 1451, W.Ref. 1358.

Über die Retrogradation des Stärkekleisters. Maquenne, L. C.R. hebd.Séances Acad.Sci. 137. 88-90 (1903) - Ref. C. 1903. II. 557, W.Ref. 1357.

Über die Herstellung von Stärkelösungen und Rückbildung von Stärkekörnern aus den Lösungen. Rodewald, H. und Kattein, A. S.-B.preuß.Akad.Wiss. 1899. 628-630. - Ref. C. 1899. II. 419, W.Ref. 709.

Vorläufiger Bericht über fortgesetzte Untersuchungen an Gerinnungsschäumen, Sphärokrystallen und die Structur von Cellulose- und Chitinmembranen. Bütschli, O. Verhandl.naturhistor.-med.Ver.Heidelberg 5. 230-292 (1894).

Über die Wasseraufnahme gesackter Stärke. Saare, O. Z.Spiritusind. 10. 9 (1887) - W.Ref. 2230.

863. Flockung durch Zusätze

Über das Verhalten von Eisen III-hydroxid-Hydrosolen zu löslicher Stärke. Krause, A., Bełzyńska, M., Jagodzińska, W. und Krochmal, F. Kolloid-Z. 179. 70-72 (1961) - Ref. C.A. 56. 6688i (1962), Stärke 14. 189 (1962), C. 1964. 9-0386.

Koagulierung hydrophober Suspensionen unter Verwendung von hochmolekularer Elektrolyte. Bureau of Industrial Technics (Erfinder: Kazono, N, Sasaki, S. und Maeda, T.). Japan.P. 612 ('59) ausg. 12/2. 1959. - Ref. C.A. 53. 20634e (1959).

Über die Fällung von Stärke in Lösung durch verschiedene Seren. Delaunay, A., Henon, M., Bazin, S. und Pelletier. M. C.R. hebd.Séances Acad.Sci. 241. 1094-95 (1955) - Ref. Stärke 8. 44 (1956).

Stabilisator zur Verhinderung des Dickwerdens von Stärke. Textile Wld. 98. 152 (1948) - Ref. C. 1948. I. 921.

Fällende Wirkung von kationischen Reinigungsmitteln auf lösliche Stärke. Yenson, M.Mutahaar Nature (London) 159. 813 (1947). - Ref. C. 1947. 1200.

Über die Flockung lyophiler Kolloide durch Nichtelektrolyte und Salze. Jirgensons, Br. Kolloid-Beih. 44. 285-386 (1936) - Ref. C. 1937. I. 34.

Die Koagulation stark solvatisierter Sole durch organische Stoffe und Salze. VII. Jirgensons, Br. und Jirgensons, A. Kolloid-Z. 76. 182-87 (1936) - Ref. C. 1936. II. 4100.

Über die Veränderung der Flockungsschwelle bei Stärkesolen. Kober, H. und Dittmar, F. Kolloid-Z. 73. 219-26 (1935) - Ref. C. 1936. I. 4689.

Verfahren zur Bestimmung von Kolloidstoffen in Wasserlösungen. Dumanski, A.W. und Dumanskaja, A.P. Schr.zentr.biochem.Forsch.-Inst.Nahrungs.u.Genussmittelind.(russ.) 3. 406 bis 421 (1933) - Ref. C. 1936. II. 507.

Die Koagulation stark solvatisierter Sole mit organischen Stoffen und Salzen. Jirgensons, Br. Biochem.Z. 240. 218-31 (1931) - Ref. C. 1932. I. 198.

Über die maximale flockende Wirkung organischer Stoffe bei bestimmten Konzentrationen. Jirgensons, Br. Z.physikal.Chem.Abt.A. 158. 56-64 (1931) - Ref. C. 1932. I. 1346.

Ausflockung und Entmischung. Das System Gummi arabicum + Gelatine. Bungenberg de Jong, H.G. und Dekker, W.A.L. Biochem.Z. 212. 318-36 (1929) - Ref. C. 1930. I. 1443.

Über die Fällbarkeit von Kohlenhydraten und Glykosiden durch Alkaloidfällungsmittel. Rosenthaler, L. Pharmac.Acta Helv. 3. 93-96 (1928) - Ref. C. 1928. II. 373.

Studien über Adsorption. 9. Der Einfluß verschiedener Substanzen und die Bedeutung der Adsorption von Anionen für die Koagulation von Arsen- und Antimontrisulfidsolen. Ghosh, S. und Dhar, N.R. Kolloid-Z. 36. 129-137 (1925) - W.Ref. 961.

Ein Fällungsmittel für Zucker, Stärkearten, Gummi, Eiweißstoffe und organische Säuren. Schulte, Wilhelm Chemiker-Ztg. 41. 822 (1917) - Ref. C. 1918. I. 141.

Ausfällen von Kohlenhydraten durch neutrale Salze. Young, R.A. J.Physiology 22. 401-422 (1897-98) - Ref. C. 1898. II. 887, W.Ref. 706.

864. Flockung durch Enzyme

(Auch Speichel)

Über die Flockung von Stärke bei Einwirkung von Speichel. Cholodowa, M. und Markewitsch, I. Colloid-J.(russ.) 4. 615-20 (1938) - Ref. C. 1939. II. 3255, C.A. 33. 6354 (1939).

Coagulation der Stärke durch Speichel und pankreatischen Zucker. Lisbonne, M. C.R.hebd.Séances Mem.Soc.Biol. 71. 140-142 (1911) - W.Ref. 1385.

87. Mechanische Untersuchungen von Stärkesystemen

870. Allgemeines
871. Viscosität
872. Konsistenz und Elastizität
873. Sonstiges

870. Allgemeines

Beitrag zur Rheologie und Rheometrie der Viskosität und Strukturviskosität von Stärken. Winkler, S. Stärke 17. 381-86 (1965).

Mittels Amylograph gemessene Einflüsse von α-Amylase auf vorverkleisterte Stärken. Pomeranz, Y. und Shellenberger, J.A. J.Sci.Food.Agric. 14. 145-48 (1963) - Ref.J.Chem.(russ.) 1963. 21 R286, C.A. 59. 1827c (1963), C. 1964. 16-2701.

Die Svedbergsche Ultrazentrifuge. Forschungsinstrument der makromolekularen Chemie. Meyerhoff, G. Angew.Chem. 72. 699-707 (1960) - Ref. C. 1961. 2633.

Messung der wichtigsten Eigenschaften der Stärke. Elder, A.L. und Schoch, Th.J. Cereal Sci.today 4. 202-08 (1959). - Ref. C. 1960. 12190.

Messung der wichtigsten Eigenschaften der Stärke. Schoch, Th.J. Stärke 11. 156-62 (1959) - Ref.J.Chem.(russ.) 1960. Nr.6788. C. 1960. 16964, C.A. 56. 13147f (1962).

Untersuchung der strukturmechanischen und rheologischen Eigenschaften wässriger Lösungen unveränderter Dickungsmittel. Ssenachow, A.W. und Ssadow, F.I. Kolloid-J.(russ.) 21. 476-84 (1959) - Ref. C. 1960. 11476, Stärke 12. 280 (1960).

Mechanische Eigenschaften wässriger Lösungen von makromolekularen Stoffen. Köhler, R. Stärke 7. 76-81 (1955).

Foodstuffs, their Plasticity, Fluidity and Consistency (Nahrungsmittel, ihre Plastizität, Fluidität und Konsistenz). Blair, G.W.S. North-Holland Publishing Company, Amsterdam 1953. 264 S.

Stärke. Hofstee, J. und Willigen, A.H.A.de in G.W.S. Blair: Foodstuffs, their Plasticity, Fluiduty and Consistency. North-Holland Publishing Company Amsterdam 1953. 1-34.

871. Viscosität
- 8711. Allgemeines, Apparate (Viscosimeter), Methodik, Theorie
- 8712. Suspensionen
- 8713. Lösungen und Kleister
- 8714. Konzentration und Viscosität
- 8715. Einfluß von Elektrolyten und sontiger Stoffe
- 8716. Viscosität von Alkalilösungen und sonstigen Lösungsmitteln
- 8717. Viscosität von Stärkeabbauprodukten

8711. Allgemeines, Apparate (Viscosimeter), Methodik, Theorie

Voraussetzungen für vergleichende Viskositätsmessungen strukturviskoser Stärkelösungen. Winkler, S. Stärke 18. 316-19 (1966).

Rheologische Betrachtungen am Beispiel einiger Kartoffelstärkederivate. Woldendorp, P. und Noord, K.G.de Stärke 18. 293-98 (1966).

Wissenschaftliches und Praktisches über die Rheologie der Stärkelösungen. Schutz, R.A. und Nedonchelle, Y. Stärke 18. 180-188 (1966).

Prüfung der Theorien von Flory, Ptitsyn und Kurata für verdünnte Polymerlösungen. Patel, R.S. und Patel, R.D. J.Polymer Sci., Part A 3. 2123-34 (1965) - Ref. C. 1966. 24-1020.

Veränderung eines Universalrheometers in einen Viscographen. Nara, S. und Maeda, I. J.agric.chem.Soc.Japan 38. 104-07 (1964) - Ref. C.A. 62. 15774c (1965).

Die Zähigkeit der flüssigen Phase von Stärkesuspensionen. Pewsner, G.M. und Abragam, D.R. Zucker-Ind.(russ.) 1964. Nr. 5 58-65. - Ref.J.Chem.(russ.) 1965. 2 R202, C. 1965. 29-2947.

Mechanisch-thermische Probleme bei der Messung der Verkleisterungscharakteristik von Stärken. Zucker, F. Stärke 16. 49-53 (1964) - Ref. C. 1964. 51-2803, Ref.J.Chem.(russ.) 1966. 2 R359.

Amylographische Messungen an verschiedenen Stärkearten. 1.Mitt. Unterschiede in der Charakteristik von Forschungsmodellen des Brabender-Amylograph-Viskographen. Suzuki, S. und Arai, K. J.technol.Soc.Starch (Japan) 10. Nr.2. 10-18 (1963) - Ref. Stärke 17. 30 (1965).

Bestimmung der Grenzviskosität von Stärken. Lesch, H.W. Cereal Chem. 40. 593-600 (1963) - Ref. Stärke 16. 343 (1964), C. 1965. 5-2938. Ref.J.Chem.(russ.) 1965. 1 R226.

Die Vergleichbarkeit von Viskositätsmessungen an Stärken und Stärkeprodukten mit verschiedenen Meßgeräten. Grun, H.-H. Stärke 15. 60-65 (1963) - Ref.J.Chem.(russ.) 1963. 22 R320.

Allgemeine Grundlagen der Rheologie. Köhler, R. Stärke 15. 56-59 (1963) - Ref. C. 1963. 20213, C.A. 59. 15855b (1963).

Über die Rheologie von Stärkelösungen. Schutz, R. Stärke 15. 394-400 (1963) - Ref. C. 1964. 39-2593.

Ein Beitrag zur Charakterisierung der Stärke. Schutz, R. und Reitzer, M.T. Stärke 14. 424-27 (1962) - Ref.J.Chem.(russ.) 1963. 19 R274. C. 1964. 2-2599.

Die Viscosität und ihre Messung. Dinsdale, A. und Moore, F. Chapman & Hall, Ltd. London 1962. - Ref. Stärke 15. 385 (1963).

Die die Viscosität der Kartoffelstärke beeinflussenden Faktoren. Miča, B. Sbornik Českoslov. Akad.zemědělských Věd, rostlinná Výroba 8(35). 139-44 (1962) - Ref.J.Chem.(russ.) 1962. 15 N281, C. 1963. 5681, Stärke 15. 306 (1963).

Spezielle Rheologie der Stärke. Hofstee, J. Stärke 14. 318-24 (1962) - Ref. C. 1963. 7970, C.A. 58. 7017c (1963).

Der Einfluß der Konzentration des Stärkekleisters auf die Genauigkeit der Höpplerschen Viscositätsmessung. Hersiczky, A. und Simonyi, J. Erjédesipari Kutatóintézet Közleményei (Budapest) 1962. 53-57- Ref. Stärke 15. 308 (1963), C. 1965. 51-2866.

Beitrag zum Studium der rheologischen Charakterisierung (Viskosität) von Stärkeproben in üblichen Verarbeitungskonzentrationen. Schutz, R. C.R.hebd.Séances Acad.Sci. 253. 2355-57 (1961) - Ref. Stärke 14. 189 (1962), C.A. 57. 4917f (1962), C. 1963. 4381.

Einige Faktoren, die die rheologischen Eigenschaften von Stärkegelen beeinflussen. Collison, R. und Elton, G.A.H. Stärke 13. 164-73 (1961) - Ref. C. 1961. 17417. C.A. 55. 19288d (1961), Ref.J.Chem.(russ.) 1962. 3 N303.

Probleme der Viskositätsmessung von Stärke. Kempf, W., Tegge, G., Wegner, H. und Winkler, S. Stärke 13. 236-39 (1961), Ref.J. Chem.(russ.) 1962. 3 N300, C. 1962. 2933.

Der Einfluß der Viskosimeterbauweise auf nicht-Newtonsche Messungen. Mc Kennel, R. Stärke 13. 80-87 (1961) - Ref.J.Chem.(russ.) 1962. 3 N299.

Über Viscosität-Molekulargewichts-Beziehungen. 2.Mitt. Vergleich hydrodynamischer Theorien. Koningsveld, F. und Tuijnman, C.A.F. Makromolekulare Chem. 38. 44-45 (1960) - Ref. C. 1961. 3670.

Über Viscosität-Molekulargewichts-Beziehungen. 1.Mitt. Einfluss der Molekulargewichtsverteilung. Koningsveld, R. und Tuijnman, C.A.F. Makromolekulare Chem. 38. 39-43 (1960) - Ref. C. 1961. 3670.

Zur Methodik der Viscositätsmessung. Peter, S. Chemie-Ing-Techn. 32. 437-47 (1960) - Ref. C. 1960. 15666.

Eine Methode zur Messung der viscoelastischen Konstanten von kleisterartigen Materialien bei sehr geringen Frequenzen mittels einer elektrischen Apparatur. Uematsu, T. J.appl. Physics (Japan) 28. 250-51 (1959) - Ref. C.A. 53. 20932f (1959).

Ein Viskosimeter zur Bestimmung der Viskosität von Lösungen hochmolekularer Verbindungen. Rafikow, Ss.R. Hochmolekulare Verbind.(russ.) 1. 1558-60 (1959) - Ref. Stärke 12. 315 (1960).

Auslauf-Koeffizienten von DIN standardisiertem Düsen-Strömungsmesser, angewandt zur Messung des pseudoplastischen Fließverhaltens. Hasegawa, T. Chem.Engng.(Japan) 23. 18-22 (1959) - Ref. C.A. 53. 5771e (1959).

Viscosimetrische Charakterisierung von polymeren Lösungen. Merrill, E.W. Ind.Engng.Chem. 51. 868 (1959).

Viskositäts- und Strukturviskositätsmessungen von Stärke und Stärkederivaten an der Viskowaage. Winkler, S. Stärke 9. 213-20 (1957) - Ref. C. 1958. 13376. C.A. 52. 21187e (1958), Ref. J.Chem.(russ.) 1958. Nr. 65750.

Rheologische Untersuchungen makromolekularer Stoffe. 1.Mitt. Vergleich der Eigenschaften von typographischen Stärke- und Gelatine-Farbwalzen auf Grund ihres rheologischen Verhaltens. Csürös, Z., Gëszy, I., Grossmann, M. und Junász, K. Periodica Polytechnica 1. 105-29 (1957) - Ref. Stärke 10. 265 (1958), C.A. 52. 11525i (1958), C. 1960. 2731.

Über die Charakteristiken verschiedener Amylographen-Typen. Hattori, R., Okada, T. und Takezawa, T. J.technol.Soc.Starch (Japan) 5. 72-80 (1957).

Durch ein Rotations-Viscosimeter erhaltene Viscositätskurven von Stärkepaste. Takahashi, R. J.technol.Soc.Starch (Japan) 5. 12-16 (1957).

Graphische Analysen der Brabender-Viscositäts-Kurven verschiedener Stärken. Mazurs, E.G., Schoch, Th.J. und Kite, F. Cereal Chem. 34. 141-52 (1957) - Ref. C.A. 51. 10775h (1957), Stärke 9. 209 (1957), C. 1958. 8208.

Kolloidchemische Untersuchungen über stärkeartige Stoffe. 1.Mitt. Strukturviscosität von Polyvinylalkohol-Lösungen. Nakagaki, M. und Shimazaki, A. Bull.chem.Soc.Japan 29. 60-63 (1956) - Ref. C. 1958. 3335.

8711

Die Rheologie von Stärkekleister. Chikubu, S. und Horiuchi, H. J.technol.Soc.Starch (Japan) 3. 103-10 (1956).

Der Einfluss der Struktur auf das viscose Verhalten einiger Carboxymethyl-Polysaccharide. Winter, St.S. und Beckman, Ch.O. J.physic.Chem. 60. 883-90 (1956) - Ref. C.A. 50. 16268i (1956), C. 1957. 1444.

Vorrichtung zur kontinuierlichen Bestimmung der Viskosität einer Flüssigkeit. Stamicarbon N.V. (Erfinder: Hage, P.W.) D.B.P. 943 909 Kl.42 l vom 22/10. 1954., ausg. 1/6. 1956. Holl.Prior. 29/10. 1953. - Ref. Stärke 8. 274 (1956).

Zur Ablehnung des Höppler-Viskosimeters bei Kartoffelstärkekleistern. Ulmann, M. Stärke 5. 307-10 (1953). - Ref. C. 1954. 9412. C.A. 48. 6150c (1954), Ref.J.Chem.(russ.) 1955. Nr. 13024.

Die Verkleisterung von Kartoffelstärke im Corn-Industries-Viscograph. Willigen, A.H.A.de Analytic.Chem. 25. 314 (1953) - Ref. Stärke 6. 30 (1954), C. 1955. 9689.

Über das Vorhandensein von verzweigter Cellulose. Vergleich der Viscositäten von Cellulose und Stärke. Wyk, A.J.A. van der und Schmorak, J. Helv.Chim.Acta 36. 385-97 (1953).

Der "Corn Industries-Visograph" und seine Eignung zur Viskositätsmessung von Kartoffelstärke. Willigen, A.H.A.de Stärke 5. 36-40 (1953) - Ref. C. 1953. 7678.

Der V.I. Viscosigraph - ein Gerät zur laufenden Messung der "Viscosität" von Stärkekleister. Selling, H.J. und Lamoen, F. Textielwezen 7. 87-90 (1951) - Ref. C. 1952. 3274.

Stärketechnologische Studien mit dem Viskographen. Pagenstedt, Bernd Stärke 3. 202-10 (1951) - Ref. C.A. 46. 2322e (1952), C. 1953. 3652.

Lösungstypen und Viscosität verdünnter Lösungen von Hochpolymeren. Speiser, Rudolph und Whittenberger, R.T. J.chem.Physics 13. 349-50 (1945) - Ref. C. 1946. I. 2070.

Die Viscosität von Stärke. Bestimmung in einem zylindrischen Rotationsviscosimeter. Barham, H.N., Wagoner, John A. und Reed, G.Nathan Ind.Engng.Chem.,ind.Edit. 34. 1490-95 (1942) - Ref. C. 1946. II. 985.

Aufzeichnungsviscosimeter für Stärken. Kesler, C.C. und Bechtel, W.G. Analytic.Chem. 19. 16-21 (1947) - Ref. C. 1947. 552.

Über ein Rotationsviscosimeter zur Untersuchung strukturviscoser Stoffe. Patat, F. und Seydel, G. Chem.Fabrik 14. 415-21. (1941) - Ref. C. 1942. I. 2802.

Über ein Viscosimeter zur Untersuchung von Strahlenwirkungen auf Sole. Löbering, Joachim und Staunig, Konrad Kolloid-Z. 85. 279-89 (1938) - Ref. C. 1939. I. 3505.

Ein neuartiges Strömungsviscosimeter zur Bestimmung des Verkleisterungsverlaufes von Roggenmehlen. Biechy, Theodor Mühle 75. Suppl. 8. 169-78 (1938) - Ref. C. 1939. I. 1683.

Über den Einfluss der Kompression auf die Viscosität verschiedener organischer Flüssigkeiten. Ebbecke, U. Pflügers Arch.ges. Physiol.Menschen Tiere 238. 429-40 (1936) - Ref. C. 1937. I. 4245.

Zur Frage der Strukturviscosität. Philippoff, W. Z.Spiritusind. 59. 157-58 (1936) - Ref. C. 1936. II. 885.

Zur Theorie der Strukturviscosität. I. Philippoff, W. Kolloid-Z. 71. 1-16 (1935) - Ref. C. 1935. II. 984.

Über den Einfluss der elektrischen Ladung auf die Viscosität hydrophiler Kolloide. Sakurada, Ichiro und Nakashima, Tadashi Kolloid-Z. 66. 62-67 (1937) - Ref. C. 1934. I. 3329.

Das Höpplerviskosimeter. Steinhoff, G. und Wiegel, E. Z.Spiritusind. 57. 253 (1934) - Ref. C. 1935. I. 322.

Einfache Ableitung wichtiger Beziehungen über das Fliessen durch Capillaren. Schofield, Robert Kenworthy Physics 4. 122-28 (1933) - Ref. C. 1933. I. 3904.

Experimentelle Untersuchungen zur Frage der Diagrammbreite des Farinographs nach Hankóczy. Szegfy, R.A.v. Mezögazdasagi Kutatások 6. 327-34 (1933).

Über Zähigkeitsmessung flüssiger Stoffe und ein neues Universalviscosimeter. Höppler, F. Chemiker-Ztg. 57. 62-63 (1933) -Ref. C. 1933. I. 2379.

Zur Beschreibung von Substanzen mit besonderen strömungs-mechanischen Eigenschaften. Bingham, Eugene C. J.Soc.chem.Ind. 50. Transact. 419-24 (1931) - Ref. C. 1932. I. 795.

Zur Erklärung einiger Viscositätsanomalien von Solen im Couetteapparat. Ostwald, Wolfgang Kolloid-Z. 43. 210-14 (1927) - Ref. C. 1928. I. 663.

Das Gesetz der Capillarströmung für Colloide. Porter, A.W. und Rao, P.A.M. Trans Faraday Soc. 23. 311-14 (1927) - Ref. C. 1927. II. 1550.

Über die Viscosität kolloider Lösungen in Struktur-, Laminar- und Turbulenzgebiet. Über die Geschwindigkeitsfunktion der Viscosität disperser Systeme. Ostwald, W.O. und Auerbach, R. Kolloid-Z. 38. 261-80 (1926) - Ref. C. 1926. I. 3132.

Wahre Viscosität und kolloide Viscosität. Semeshima, Jitsusaburo Bull.Chem.Soc.Japan 1. 255-57 (1926) - Ref. C. 1927. I. 1804.

Lyophile Kolloide und das Poiseuille'sche Gesetz. Kruyt, H.R. Kolloid-Z. 36. Zsigmondy Festschr. 218-230 (1925) - Ref. C.A. 19. 3049 (1925), C. 1925. II. 1344, W.Ref. 1332.

Über die Geschwindigkeitsfunktion der Viscosität disperser Systeme. 4.Mitt. Ostwald, W. Kolloid-Z. 36. 248-50 (1925) - Ref. C. 1926. I. 3132.

Über die Geschwindigkeitsfunktion der Viskosität disperser Systeme. 2.Mitt. Ostwald, W. Kolloid-Z. 36. 157-167 (1925) - Ref. C. 1925. I. 2361, W.Ref. 1334.

Ein neues Viskosimeter mit unmittelbarer Ablesung. MacMichael, R.F.A. J.ind.Engng.Chem. 7. 961-963 (1915) - W.Ref. 1319.

Über die Bedeutung der Viskosität für das Studium des kolloidalen Zustandes. Ostwald, Wo. Kolloid-Z. 12. 213-222 (1913).

Die Viscosität der Emulsoidsole und ihre Abhängigkeit von der Schergeschwindigkeit. Hatschek, Emil Kolloid.-Z. 13. 88-96 (1913) - Ref. C. 1913. II. 1642, W.Ref. 1317.

<u>Eine Studie über einige physikalische Eigenschaften der Stärken.</u> Buel, H. 8.Int.Congr.appl.Chem., Washington and New York, Orig.Commun. 13. 63-76 (1912) - W.Ref. 1313.

<u>Über ein Viscometer zur Vergleichung heißer Kleister.</u> Matzdorf, O. Z.Spiritusind. 33. 420 (1910) - Ref. C. 1910. II. 1499.

8712. Suspensionen

<u>Viskosität von Kartoffelstärke-Wassersuspensionen.</u> Willigen, A.H. A.de und Groot, P.W. Korte Ber.Porefstat.Aardappelverwerk. Nr. 18. (1949) - Ref. Stärke 2. 21 (1950).

<u>Über die Viscosität der Suspensionen.</u> Buzagh, v. Aladar Math. naturwiss.Anz.ung.Akad.Wiss.61. 89-121 (1942) - Ref. C. 1944. I. 985.

<u>Das Fliessen flüssiger Suspensionen.</u> Richardson, E.G. und Tyler, E. Proc.physic.Soc. 45. 141-51 (1933) - Ref. C. 1933. I. 3296.

<u>Zur Geschwindigkeitsabhängigkeit der Viscosität von Stärkesuspensionen.</u> Köhler, R. Kolloid-Z. 43. 187-90 (1927) - Ref. C. 1928. I. 663.

<u>Die Viscosität von Suspensionen starrer Teilchen und ihre Abhängigkeit vom Schergefälle.</u> Hatschek, E. und Jane, R.S. Kolloid-Z. 40. 53-58 (1926) - Ref. C. 1926. II. 2543.

<u>Über Suspensionen in Medien von hoher innerer Reibung.</u> Müller, A. Ber.dtsch.chem.Ges. 37. 11-16 (1904) - Ref. C. 1904. I. 525, W.Ref. 1234.

8713. Lösungen und Kleister

<u>Rheologische Messungen an Stärkegelen.</u> Flückiger, W. Stärke 17. 289-94 (1965).

<u>Untersuchungen über die Viskosität von Kartoffelstärke. 3.Mitt.</u> Goto, F. und Sugimoto, K. J.technol.Soc.Starch (Japan) 12. 109-14 (1965).

<u>Untersuchungen über die Viskosität von Kartoffelstärke. 2.Mitt.</u> Goto, F. und Sugimoto, K. J.technol.Soc.Starch (Japan) 12. 100-08 (1965).

<u>Beziehung zwischen der Konzentration von Stärkesuspensionen und ihrer Viscosität.</u> Davison, Wilburt C. J.biol.Chemistry 144. 419-22 (1942) - Ref. C. 1943. I. 936.

<u>Dynamisch-mechanische Eigenschaften. Bestimmung der Viskosität und Festigkeit von Stärkekleistern.</u> Myers, R.R. und Knauss, C.J. in: Whistler, R.L. u.a., Methods in Carbohydrate Chem. Vol.IV., Academic Press 1964. S. 128-133.

<u>Viskosität von Stärkekleistern.</u> Smith, R.J. in: Whistler, R.L. u.a., Methods in Carbohydrate Chem. Vol.IV., Academic Press 1964. S. 114-123.

<u>Rheologische Eigenschaften von Stärkekleistern mit Zusätzen.</u> Kowalewskaja, Je.I. und Kurilenko, O.D. Hochschulnachr.(Krasnodar), Nahrungsmittel-Technol.(russ.) 1964. Nr.5. 31-33. - Ref. C. 1965. 19-2899, Stärke 17. 363, (1965), C.A. 62. 5428b (1965).

Die Rheologie der Kartoffelstärke. 3.Mitt. Rheologische Eigenschaften von Stärkekleistern. Kopřiva, B. Listy Cukrovarnické 80. Nr.5. 120-27 (1964) - Ref.J.Chem.(russ.) 1965. 1 R228.

Der Einfluß einer thermischen Bearbeitung auf die Viscosität von Stärkepasten. Nakayama, N. J.Home Econ. 15. Nr.2. 72-75 (1964) Ref.J.Chem.(russ.) 1965. 6 R395.

Die Bestimmung der Viscosität von Stärkekleister im Amylographen. Horiuchi, H. J.Soc.Brewing (Japan) 59. 325-29 (1964) - Ref.J. Chem.(russ.) 1965. 7 R275.

Untersuchung der elastisch-plastisch-viskosen Eigenschaften von Stärkekleistern. Kowalewskaja, Je.I. und Kurilenko, O.D. Hochschulnachr., Nahrungsmittel-Technol.(russ.) 1964. Nr.4 49-51. - Ref. Stärke 17. 98 (1965), Ref.J.Chem.(russ.) 1965. 5 R401.

Die Rheologie der Kartoffelstärke. 4.Mitt. Der Einfluß der Teilchenabmessungen der Stärke auf die rheologischen Eigenschaften der Kleister. Kopřiva, B. Listy Cukrovarnické 80. 156-62 (1964) - Ref.J.Chem.(russ.) 1965. 12 R330.

Rheologie der Kartoffelstärke. 2.Mitt. Der Einfluss von Temperatur und Rühren auf die Viskosität der Stärkekleister. Kopřiva, B. Listy cukrovarnické 79. 224-28 (1963) - Ref. Stärke 16. 73 (1964),Ref.J.Chem.(russ.) 1964. 9 R350.

Die rheologischen Eigenschaften von Kartoffelstärke. 2.Mitt. Die Anwendung des Amylographen für die Bestimmung der Fähigkeit einer Stärke zur Verkleisterung. Kopřiva, B. und Arbet, S. Sbornik Vysoké skoly chemicko-technologické v Praze, Oddil fakulty potravinárské technologie 7. 303-10 (1963) - Ref.J. Chem.(russ.) 1965. 11 R352, Stärke 17. 65 (1965).

Rheologische Eigenschaften von Kartoffelstärke. 1.Mitt. Viskositätsbestimmung des Stärkekleisters mittels Höppler-Viskosimeter. Kopřiva, B. Sbornik Vysoké Skoly chem.-technol. Praze, Potravinárská Technol. 7. 239-55 (1963) - Ref. C. 1966. 4-3046, Ref.J.Chem.(russ.) 1965. 10 R358.

Untersuchung der Viskosität von Stärke mit Hilfe eines Rheometers. Kichara, I., Gosé, M. und Isii, Ja. J.agric.chem.Soc.Japan 37. 172-75 (1963) - Ref.J.Chem.(russ.) 1964. 3 R306.

Die Amylographie verschiedener Stärken. Suzuki, S. und Arai, K. J.Technol.Soc.Starch (Japan) 10. 54-62 (1963) - Ref.J.Chem. (russ.) 1963. 22 R321.

Kolloidchemische Untersuchungen an stärkeartigen Stoffen. 4.Mitt. Viscoelastizität und Strukturveränderung von Stärkelösungen. Nakagaki, M. Bull.chem.Soc.Japan 35. Nr.4. 606-09 (1962) - Ref. C.A. 57. 7683f (1962), C. 1966. 24-1019.

Kolloidchemische Untersuchungen an stärkehaltigen Stoffen. 3.Mitt. Dynamische Viscosität und dynamische Festigkeit von Stärkelösungen. Nakagaki, M. und Muragishi, K. Bull.chem.Soc.Japan 34. 316-19 (1961) - Ref. C.A. 55. 16079g (1961), C. 1964. 29-1014.

Untersuchung der rheologischen Eigenschaften von Lösungen von verkleisterter Stärke, Amylose und Amylopektin. Kurilenko, O.D., Kaban, A.P. und Nedushii, A.A. Hochschulnachr. Nahrungsmittel-Technol.(russ.) 1961. Nr.1. 12-16. - Ref.J.Chem.(russ.) 1961. 21 - N238. C.A. 55. 16842e (1961), Stärke 14. 29 (1962), C. 1963. 799.

Genaue Prüfung der Stärke-Viscosität. Food Engng. 31. 105 (1959)

Beurteilung der Fluidität von Stärkepasten. Fetzer, W.R. und Kirst, L.C. Cereal Chem. 36. 108-27 (1959) - Ref. C.A. 53. 10815c (1959), C. 1960. 5026, Ref.J.Chem.(russ.) 1960. 36580.

Untersuchungen über Leguminosenstärken. 2.Mitt. Viscosität. Kawamura, S. und Fukuba, H. Techn.Bull.Fac.Agric.,Kagawa Univ. 9. 38-45 (1959).

Amylogramme von weissem Reismehl und von Reisstärke. Suzuki, H. und Chikubu, S. J.technol.Soc.Starch (Japan) 6. 76-77 (1959), - Ref. C.A. 56. 15885b (1962).

Der Einfluß verschiedener Trocknungsbedingungen auf die Brabender Viscosität von verkleisterten Stärken. Kawakami, K. und Ogiwara, M. J.Economics (Japan) 9. 175-81 (1958) - Ref. C.A. 53. 22601d (1959).

Die Milostärken. Otterbacher, T. und Kite, F.E. Bakers Digest 32. 44-48 (1958) - Ref. C. 1959. 7320.

Die Amylographie des Weizenmehls (vorläufiger Bericht). Watanabe, O., Yasunaga, T., Uemura, M. und Horiguchi, T. J.technol.Soc. Starch (Japan) 4. 116-20 (1957).

Veränderung von Amylogrammen infolge der Differenz der Korngröße von Weizenstärke. Takahashi, R., Shimakawa, T. und Shibuya, S. J.technol.Soc.Starch (Japan) 5. 66-72 (1957) - Ref. C.A. 56. 13304d (1962).

Rheologische Untersuchungen an Reisstärke-Kleister (vorläufiger Bericht). Visco-Elastizität von Stärkekleister. Takahashi, S. und Kihara, Y. J.technol.Soc.Starch (Japan) 4. 112-16 (1957).

Viskositätsbestimmung von Weizenstärke-Kleister und anderen Bindemitteln unter Verwendung eines Rotationsviskosimeters. Kawamura, Y., Kawakami, K. und Takahashi, R. J.technol.Soc.Starch (Japan) 5. 12-16 (1957) - Ref. C.A. 57. 2479h (1962).

Leguminosenstärken. 2.Mitt. Viskositätsverhalten. Kawamura, S. und Fukuba, H. Techn.Bull.Fac.Agric.,Kagawa Univ. (Japan) 9. 38-45 (1957) - Ref. C.A. 51. 15709e (1957).

Unterschiede bei der Viskosität von Stärkekleister. Kuwajima, Sadao Toyo Rayon Shuho 12. 134-41 (1957) - Ref. C.A. 52. 1660b (1958).

Viscosität von Stärkekleistern. Mason, M.J. und Fetzer, W.R. Tappi Monogr.Sen 1957. Nr.17 65-91.- Ref.C. 1959. 975.

Rheologische Studien an Kartoffelstärke. 2.Mitt. Eigenschaften von an verschiedenen Orten Japans hergestellter Kartoffelstärke. Takahashi, S. und Kihara, Y. J.agric.chem.Soc. Japan 30. 670-75 (1956).

Lösungen von Hochpolymeren. 5.Mitt. Die Viscosität und Strömungsdoppelbrechung von Lösungen eines Polyelektrolyten mit linearen und globulären Molekülen. Inoue, T. J.chem.Soc.Japan 77. 820-26 (1956) - Ref. C.A. 51. 7808c (1957).

Getreidestärken. 1.Mitt. Fliess-Kurven bei Stärkekleister von Reis. Tani, T., Chikubu, S. und Horiuchi, H. Rep.Food Res.Inst. (Japan) 11. 155-57 (1956) - Ref. C.A. 51. 9190i (1957).

Getreidestärken. 1.Mitt. Fliess-Kurven bei Stärkekleister von Reis. Tani, T., Chikubu, S. und Horiuchi, H. J.agric.chem.Soc.Japan 30. 179-82 (1956) -Ref.C.A. 51. 9190i (1957), C. 1958. 12550.

Viscographie von veränderter Weizenstärke. Hönsch, W.M. Stärke 8. 277-81 (1956).

Stärkekleister und Rheologie. Chukubu, S. und Horiuchi, H. Dempun Kogyo Gakkaishi 3. 103-10 (1956) - Ref. C.A. 51. 13432c (1957).

Die Abhängigkeit der Viscosität von Stärkekleister von dem Grad der Erhitzung während des Trocknungsprozesses. Miljutin, A.A. Arb.zentral.wiss.Forsch.-Inst. Stärke u. Stärke-Sirup Ind. (russ.) 2. 5-7 (1955) - Ref. C.A. 52. 2437c (1958) - Ref.J. Chem.(russ.) 1956. Nr. 14704, Stärke 10. 121 (1958).

Untersuchung der strukturellen Viscosität des Stärkekleisters im Viscosimeter. Kurilenko, O.D. und Nedushi, A.A. Arbeiten des Kiewer Technolog.Inst.f.Lebensmittelind. 1954. Nr.14. 112-115 -Ref.J.Chem.(russ.) 1956. Nr. 5552.

Stärke von Oryza sative L.japonica und Oryza sative L.indica. 2. Mitt. Amylogramme beider Typen von Reis. Fukuba, H. J.agric. chem.Soc. Japan 28. 41-43 (1954) - Ref. C. 1956. 11303, C.A. 49. 9946i (1955).

Untersuchung der Viscosität unserer Kartoffelstärken. Schneider, G. und Olsanský, J. Sbornik československ.Akad.zemědělských Věd, Rada A 26. 117-22 (1953) - Ref. C. 1950/54. 2157S.

Die Unterschiede in den Eigenschaften verschiedener Stärken und ihre Deutung. Hofstee, J. Stärke 5. 83-86 (1953) - Ref. C. 1953. 7678.

Über verschiedene Beobachtungen bei der Viskosimetrie von Stärkekleistern im Höppler-Viscosimeter. Barthel, R. Stärke 3. 278-282 (1951) - Ref. C. 1952. 3582.

Viscosimetrische Untersuchungen an Kartoffelstärken. Getreide, Mehl, Brot 5. 45 (1951) - Ref. C. 1951. II. 759.

Messen der Viscosität von Stärkepasten. Bechtel, Welker G. und Fischer, Erarl K. J.Colloid-Sci. 4. 265-82 (1949) - Ref. C. 1950. I. 1108.

Die Fraktionierung von Kartoffelstärke. 3.Mitt. Die Viscosität wässeriger Lösungen von Fraktionen. Lampitt, L.H., Fuller, C.H.F. und Goldenberg, N. J.Soc.chem.Ind. 67. 41-44 (1948) - Ref. C.A. 42. 6561, C. 1948. E. 2883.

Einige neue anisotrope Zeiteffekte in der Rheologie. Freeman, S. M. und Weisenberg, K. Nature (London) 161. 324-25 (1948) - Ref. C. 1948. II. 1161.

Untersuchung einiger Kleistereigenschaften von Stärke mit dem Industrie-Viscosimeter für Mais. Bechtel, W.G. Cereal Chem. 24. 200-14 (1947) - Ref. C.A. 41. 5740a (1947).

Vergleich der Viscosität und bestimmter mikroskopischer Eigenschaften von einigen Stärken aus Kansas. Barham, H.N., Wagoner, J.A., Williams, B.M. und Reed, G.N. J.agric.Res. 68. 331 (1944).

Stärke-Viskosität oder Fluidität. Morgan, W.L. und Vaughn, N.L. Ind.Engng.Chem.,ind.Edit. 35. 233-38 (1943) - Ref. C. 1946. II. 2482.

Die Viscosität von Lösungen der Amyloseanteile der Stärke. Foster, J.F. und Hixon, R.M. J.Amer.chem.Soc. 65. 618-22 (1943) - Ref. C. 1945. I. 1233.

8713

Untersuchungen über Stärke. XX. Über die Viscosität von Stärkekleister. Meyer, K.H. und Fuld, Maria Helv.chim.Acta 25. 391-98 (1942) - Ref. C. 1942. II. 178.

Viscositätsmessungen von Stärkekleistern. Brimhall, B. und Hixon, R.M. Cereal Chem. 19. 425-41 (1942) -

Kolloides Verhalten von Seife-Stärke-Systemen. Heald, Alfred M. Paper Trade J. 113. Nr.2. 39-42 (1941) - Ref. C. 1942. II. 1887.

Die Fraktionierung der Weizenstärke. III. Die Viscosität von Stärkelösungen. Lampitt, L.H., Fuller, C.H.F. und Goldenberg, N. J.Soc.chem.Ind. 60. 47-50 (1941) - Ref. C. 1943. II. 1267.

Messungen der Strukturviscosität an verschiedenartigen Kartoffelstärkeprodukten. Geinitz, H. Kolloid-Z. 90. 58-65 (1940) - Ref. C. 1940. I. 2080.

Die Stabilität der Viscosität von Kartoffelstärkekleister. Katz, J.R. Textile Res. 9. 114-19 (1939) - Ref. C. 1939. II. 3894.

Über das Viscositätsverhalten von Faden- und Kugelmolekülen, insbesondere Glykogen und Stärke. Ebbecke, U. und Haubrich, R. Biochem.Z. 303. 242-50 (1939) - Ref. C. 1940. I. 3087.

Die Bestimmung der Herkunft von Stärken und Mehlen mit Hilfe des Amylographen. Jelinek, B. Ann.Falsificat.Fraudes 30. 469-73 (1938).

Die Viscosität von Stärkekleister. Die durch andauerndes Erhitzen und Rühren hervorgerufenen Veränderungen im Hinblick auf das Schlichten von Baumwollgarn. Katz, J.R. Textile Reserv. 9. 69-78 (1938) - Ref. C. 1940. I. 1930.

Erklärung der Viscositätsänderungen von Stärkekleistern durch Veränderungen im mikroskopischen Bild der Stärkekörner. Katz, J.R, Desai, M.C. und Seiberlich, J. Trans.Faraday Soc. 34. 1258-68. (1938) - Ref. C. 1939. I. 4962.

Änderung der Fliesseigenschaften und der Textur von Stärkekleistern. Gallay, W. Canad.J.Res. 14.B. 409-14 (1937).

Das kolloide Verhalten von Mehlteigen. I. Die thixotrope Natur der Stärke-Wassersysteme. Markley, Max C. Cereal Chem. 14. 434-36 (1937) - Ref. C. 1937. II. 1098.

Methodik der Viscositätsmessungen von Stärkekleister und Stärkelösungen. Blinc, M. und Samec, M.M. C.R. Congr.int.techn.chim. Ind.agric.Scheveningue 5. II. 214-49 (1937) - Ref. C. 1938. I. 1016.

Die Viscosität der Stärkepasten; ihre Schwankungen und deren Folgen. Wiedmer, Cl. Rev.gen.Teinture Impress., Blanchiment, Appret 14. 103-07. 167-75 (1936) - Ref. C. 1936. I. 5007.

Über einen Fall einer eigenartigen Viscositätsänderung in einem heterogenen Gemisch. Bon, W.F. Chem.Weekbl. 33. 45 (1936) - Ref. C. 1936. II. 597.

Die Viscosität und die Adsorption bei Amylumsolen. Merckel, J.H.C. Kolloid-Z. 75. 318-22 (1936) - Ref. C. 1937. I. 4214.

Die Viscosität von Maisstärkepasten. Gallay, Wilfred und Bell, Adam. C. Canad.J.Res. 14. Sect.B.360-72 (1936) - Ref. C. 1937. I. 2041.

Viscosität von Stärke. Hart, Thomas H. Amer.Dyestuff Reporter 25. 313-15 (1936) - Ref. C. 1936. II. 3609.

Bestimmung der Viscosität von verdünnten Lösungen von Cassavamehl und anderen Stärkearten. Pierson, Gordon G. Ind.Engng.Chem. Analyt.Edit. 6. 183-87 (1934) - Ref. C. 1935. I. 1138.

Über Mizellstärken. Seck, W. und Dittmar, F. Melliand Textilber. 14. 594 (1933) - Ref. C. 1934. I. 2838.

Relative Viscosität von Weizenstärkesorten. Mangels, C.E. und Bailey, C.H. Ind.Engng.Chem.25. 456-60 (1933) - Ref. C. 1933. I. 4059.

Über die Viscositätsanomalien des Stärkekleisters und deren technische Bedeutung. Seck, Willy Melliands Textilber. 14. 546-47 (1933) - Ref. C. 1934. II. 1383.

Über hochpolymere Verbindungen. 40.Mitt. Viscositätsmessungen an Polysacchariden und Polysaccharidderivaten. Staudinger, H. und Schweitzer, O. Ber.dtsch.chem.Ges. 63. 2317-30 (1930) - Ref. C. 1930. II. 3134.

Die Fluidität von Stärkepasten bei hohen und niedrigen Schergeschwindigkeiten. Farrow, F.D., Löwe, G.M. und Neale, S.M. J.Textile Inst. 19.T 18-31 (1928) - Ref. C. 1928. II. 2419.

Zur Kenntnis der Strukturviscosität einiger Sole polymerer Kohlehydrate. Tsuda, Sakae Kolloid-Z. 45. 325-31 (1928) - Ref. C. 1928. II. 1537.

Über die Viscosität und Fließelastizität von Stärkekleister. Freundlich, H. und Nitze, H. Kolloid-Z. 41. 206-15 (1927) - Ref. C. 1927. II. 231.

Über die Viskosität und Elastizität von Stärkekleister. Nitze, H. Dissertation Berlin 1926.

Viscosimetrische Untersuchung von Weizenstärke. Rask, O.S. und Alsberg, C.L. Cereal.Chemistry 1. 7-26 u. 107 (1924) - Ref. C. 1924. II. 557, 1925. II. 862, W.Ref. 1328.

Fluidität oder Viscosität und Leimgehalt in Stärken. Nivling, W.A. Cotton 88. 800, 863-866 (1924) - W.Ref. 2582A.

Fluidität oder Viscosität von Stärken. Nivling, W.A. Textile Wld. 65. 2999-3003 (1924) - W.Ref. 2582.

Ablauf von Stärkepaste durch Kapillarröhren. Farrow, F.D., und Lowe, G.M. J.Textile Inst. 14. 414-440T. (1923) - Ref. C.A. 18. 606-607 (1924),W.Ref. 1325.

Vergleichbare Stärkefluidität. Chamberlain, G.E. Cotton 86. 977-978 (1922) - W.Ref. 2553B.

Die Konsistenz von Stärke- und Dextrinpasten. Herschel, Winslow H. und Bergquist, Carl J.Ind.Engng.Chem. 13. 703-706 (1921) - Ref. C. 1922. II. 421, W.Ref. 1323.

Ein praktisches Verfahren zur Bestimmung der Viscosität von Stärke für Müllereizwecke. Mac Nider, G.M. J.Ind.Engng.Chem. 9. 597-99 (1917) - Ref. C. 1918. I. 873.

Die Zähigkeit der Stärke. Whewell, G. Chem.News, 39. 97 (1879) - W.Ref. 1204.

8714. Konzentration und Viscosität

Der Einfluß der Stärkekleisterkonzentration auf die Genauigkeit der Viskositätsmessung nach Höppler. Hersiczky, A. und Simonyi, J.M. Stärke 17. 1-4 (1965) - Ref. C.A. 62. 7986e (1965).

Einige Betrachtungen über den Einfluss der Konzentration von Stärkekleister auf die Form seines Viscosigramms. Hofstee, J. Chem.Weekbl. 46. 515-19 (1950) - Ref. C. 1951. I. 813.

Über die Konzentrationsabhängigkeit der Zähigkeit bei organischen Hochpolymeren. Hess, K. und Philippoff, W. Ber.Dtsch.chem.Ges. 70. 639-65 (1937) - Ref. C. 1937. II. 1539.

Die Wirkung der Konzentration auf die Viscosität von Stärkekleistern und von lyophilen Solen. Gallay, Wilfred Canad.J.Res. 14. 391-403 (1936) - Ref. C. 1937. II. 303.

Stärkepaste. 1. Beziehung zwischen der Viskosität der Weizenstärkepaste und der Konzentration und Temperatur. (Auszug). Yoshino, M. J.Soc.chem.Ind. 43. 144B (1924) - Ref. C.A. 18. 2274 (1924); W.Ref. 1330.

8715. Einfluß von Elektrolyten und sonstigen Stoffen

Veränderungen der Stärkeeigenschaften durch Vorhandensein oder Fehlen von Fettsäure bei der Verkleisterung. Yasumatsu, K. und Moritaka, S. J.Food Sci. 29. 198-202 (1964) - Ref. Stärke 16. 269 (1964), C.A. 61. 7268e (1964), Stärke 17. 65 (1965), Ref.J. Chem.(russ.) 1966. 2 R364, C. 1966. 21-3220.

Die Erniedrigung der Viskosität von Stärkelösungen unter der Einwirkung von verzuckernden Fermenten. "Sekure" 1963. Nr.6. 21-36. - Ref.J.Chem.(russ.) 1966. 1 R335.

Die Hydratation der Stärke. 7.Mitt. Die Auswirkung der Entwässerung von Stärke auf das rheologische Verhalten ihrer Dispersionen. Schierbaum, F. und Täufel, K. Stärke 15. 52-56 (1963) - Ref.J.Chem.(russ.) 1963. 22 R317, C. 1964. 8-2683. C.A. 60. 2253a (1964).

Einfluß von Formaldehyd auf die viscosimetrische Stabilität konzentrierter wässriger Amylose-Lösungen. Muetgeert, J., Bus, W.C. und Hiemstra, P. J.chem.Engng.Data 7. 272-76 (1962) - Ref. C.A. 57. 10083h (1962), Stärke 15. 195 (1963), C. 1964. 25/26 - 2749.

Untersuchungen über Phosphorsäuregehalt und Viskosität der Stärke verschiedener Kartoffelsorten. Görlitz, H. und Wilberg, E. Z.landwirtsch.Versuchs- u. Untersuchungswes. 7. 121-30 (1961) - Ref. Stärke 14. 262 (1962), Ref.J.Chem.(russ.) 1962. 7 N312.

Faktoren, die auf die Viskosität von Kartoffelstärken einwirken. Micza, Przemysl rolny 6. Nr.7/8. 11-14 (1961) - Ref.J.Chem. (russ.) 1962. 10 N354.

Der Einfluß von oberflächenaktiven Substanzen auf die Viskosität von Pasten unverkleisterter Stärke. Collison, R. Chem.and Ind. 1961. 1364-65. - Ref. Stärke 14. 142 (1962), C. 1964. 24-2749.

Der Einfluß der Wasserhärte auf die Viskosität von Kartoffelstärke. Tegge, G. und Kempf, W. Stärke 13. 292-96 (1961) - Ref. C.A. 56. 3710g (1962), C. 1962. 5128.

Verhalten von Stärke während der Herstellung von Nahrungsmitteln. 2.Mitt. Einwirkungen verschiedener Zucker auf die Viscosität und Gelfestigkeit von Stärkekleistern. Bean, M.L. und Osman, E.M. Food Res. 24. 665-71 (1959) - Ref. C. 1961. 2467.

Rheologische Studien an Kartoffelstärke. 3.Mitt. Einflüsse von Metall-Ionen auf Kartoffelstärke. Takahashi, S. und Kihara, Y. J.agric.chem.Soc.Japan 32. 243-50 (1958) - Ref. C.A. 53. 15610d (1959).

Rheologische Untersuchungen an Kartoffelstärke. 2.Mitt. Einwirkungen von Metallionen auf Kartoffelstärke. Takahashi, S. und Kihara, Y. J.agric.chem.Soc.Japan 32. 234 (1958).

Über den Einfluss von Sojabohnenmehl auf Amylogramme. Ofelt, C.W., Smith, A.K. und Mills, J.M. Cereal Chem. 32. 48-52 (1955) - Ref. C.A. 49. 5705d (1955).

Die Wirkung der Elektrolyten auf die Viscosität von Kartoffelstärkekleister. Nutting, G.C. J.Colloid Sci. 7. 128-39 (1952) - Ref. C. 1953. 1343, C.A. 46. 7803e (1952).

Einfluss der Düngung und des Boden-p_H auf die Viscosität der Kartoffelstärke. Willigen, A.H.A.de Stärke 4. 213-16 (1952).

Erhöhung der Viscosität von Kartoffelstärke durch Phosphatdüngung. Willigen, A.H.A.de Stärke 3. 147-49 (1951) - Ref. C. 1952. 304.

Der Einfluss einer Mineraldüngung auf die Viscosität von Lösungen und die Verzuckerung von Kartoffelstärke. Tuljakowa, G.M. Biochimia (russ.) 16. 584-91 (1951) - Ref. C. 1952. 4677, C.A. 46. 3782b (1952).

Die Wirkung von Fettsäuren auf Stärke- und Mehlviscosität. Mitchell, William A. und Zillmann, Elizabeth Trans.Amer.Assoc.Cereal Chemists 9. 64-79 (1951) - Ref. C. 1952. I. 1585, C.A. 46. 653h (1952).

Das Verhalten von Maisstärke bei der Einwirkung von elektrolythaltigem Wasser. Heyns, Kurt und Franck, Burchard Stärke 2. 293-96 (1950) - Ref. C. 1951. I. 2517.

Über die Wirkung von Elektrolyten auf Stärke. Nasarow, W.I. aus: Kolloide u. Prozesse der Lebensmittelind. A.W.Dumanski (russ.) 1. 100-120 (1946) Moskau Pischtschpromisdat.

Das Fliessen von Stärkelösungen. III. Der Einfluss von Seifen und anderer Elektrolyte auf die scheinbare Viscosität heisser Stärkelösungen. Richardson, W.A. und Waite, R. J.Textile Inst. 24. Trans. 383-416 (1933) - Ref. C. 1934. I. 632.

Zur Kenntnis der lyophilen Kolloide. XV. Mitt. Der Einfluss hoher Elektrolytkonzentration auf die Sole von Amylum und Gummi arabicum. Kruyt, H.R. und Edelman, H.J. Kolloid-Beih. 36. 350-84 (1932) - Ref. C. 1932. II. 3532.

Zur Kenntnis der lyophilen Kolloide. IX. Viscosität und Salzkonzentration. I. Kruyt, H.R. und Winkler, K.C. Kolloid-Beih. 32. 374-81 (1931) - Ref. C. 1931. II. 1265.

Der elektro-viskose Effekt in Lösungen von löslicher Stärke. Bungenberg de Jong, H.G. Recueil Trav.chim.Pays-Bas 43. 189-202 (1924) - Ref. C.A. 18. 2451 (1924), C. 1924. I. 2333, W.Ref. 1329.

Über den Einfluss einiger Mineralverbindungen auf die Verflüssigung des Stärkekleisters. (Auszug). Wolff, J. und Fernbach, A. Z.Spiritusind. 30. 97 (1907).

8716. Viscosität von Alkalilösungen und sonstigen Lösungsmitteln

Die logarithmische Viscositätszahl von alkalischen Stärkelösungen. Myers, R.R. in: Whistler, R.L. u.a., Methods in Carbohydrate Chem. Vol. IV., Academic Press 1964. S.124-127.

Amyloalkaliviscographie der gemischten Stärke. Suzuki, H. und Taketomi, N. J.chem.Soc. Japan, ind.Chem.Sect. (Kogyo Kagaku Zassi) 60. 1555-56 (1957) - Ref. C. 1959. 976.

Einige Eigenschaften und Amyloalkaliviscogramm der verschiedenen Stärkearten aus Bohnen und Erbsen. Suzuki, H. und Taketomi, N. J.chem.Soc.Japan, ind.Chem.Sect. 60. 1051-58 (1957) - Ref. C. 1959. 3995, C.A. 53. 11865i (1959).

Rotations-Cylinder-Viscosimeter vom Typ eines synchronischen Motors als Amyloalkaliviscograph. Einflüsse von Alkalihydroxyd auf die Quellung und Verkleisterung verschiedener Stärkekörner. Suzuki, H. und Taketomi, N. J.chem.Soc.Japan,ind.Chem.Sect. 59. 45-49 (1956) - Ref. C.A. 50. 16147c (1956), C. 1961. 2121.

Die Viscosität von Stärkepräparaten in wässerigen und alkalischen Lösungen. Knjaginitschew, M.I. und Schtschinnikowa, T.M. Kolloid-J.(russ.) 18. Nr.1. 38-43 (1956) - Ref. C.A. 50. 9046b (1956), C. 1957. 6466.

Viscose Eigenschaften von Stärkepasten in alkalischen Medien. Ghose, U. Sci. and Cult. 21. 332-33 (1955) - Ref. C. 1958. 13797.

Viscosität der Stärke aus verschiedenen Pflanzen in Natriumsalicylat. Knjaginitschew, M.I. Colloid J.(russ.) 5. 899-906 (1939) - Ref. C. 1940. I. 3910.

Die Elastizität von Ammoniumoleat-Lösungen und die variable Viskosität zweiphasiger Systeme. Hatschek, E. Kolloid-Z. 37. 25-26 (1925)- W.Ref. 1300.

Die Prüfung von Handelsstärken. Ermen, W.F.A. J.Soc.chem.Ind. 26. 501-504 (1907) - Ref. C.A. 1. 2313 (1907), C. 1907. II. 745, W.Ref. 1309.

Über einige, den physikalischen Zustand der Stärke beeinflussende Umstände. Wolff, J. und Fernbach, A. C.R.hebd.Séances Acad. Sci. 140. 1403-1406 (1905) - Ref. C. 1905. II. 121, W.Ref. 1307.

8717. Viscosität von Stärkeabbauprodukten

Dynamisches Fließverhalten modifizierter Stärken. Myers, R.R., Knauss, C.J. und Hoffman, R.D. J.appl.Polymer Sci. 6. 659-66 (1962) - Ref. C. 1963. 16972, C.A. 58. 8124f (1963), Stärke 16. 35 (1964).

Über die Viscosität von halbkolloidalen Lösungen von Hydrolyseprodukten der Stärke. Wolkow, K.P. und Almasow, A.M. Bull.sci. Univ.Etat Kiew, Ser.chim. 3. (N.S.) Nr.3. 121-38 (1937) - Ref. C. 1940. II. 3321.

Die Viscosität verdünnter Lösungen von Nichtelektrolyten. Prasad, B. J.Indian chem.Soc. 12. 499-503 (1935) - Ref. C. 1936. II. 764.

Die Viscosität von salzhaltigen Zucker- und Dextrinlösungen. Merckel, J.H.C. Kolloid-Z. 73. 171-74 (1935) - Ref. C. 1936. II. 1868.

Bestimmungen der Viscosität bei Dextrinen mit dem Lawaczek-Viscosimeter. Stirnus, A. Z.Spiritusind. 49. 331-32 (1926) - Ref. C. 1927. I. 657.

872. Konsistenz und Elastizität

Stärke-Gele. Dartellung und Charakterisierung mit dem Maisindustrie-Gelometer. Hjermstad, E.T. in:Whistler, R.L. u.a., Methods in Carbohydrate Chem. Vol.IV., Academic Press 1964. S. 148-150.

Getreidestärken. 2.Mitt. Bestimmung der Viscoelastizität von Reis-Stärkekleistern. Chikubu, S., Horiuchi, H. und Tani, T. J.agric. chem.Soc.Japan 31. 397-400 (1957) - Ref. C.A. 53. 20866c (1959).

Rheologische Studien an Kartoffelstärke. 1.Mitt. Visco-elastische Eigenschaften von Stärkepasten. Takahashi, S. und Kihara, Y. J.Agric.chem.Soc. Japan 30. 665-70 (1956).

Kolloidale Elastizität. Hirai, Nishio J.Chem.Soc.japan,Pure Chem. Sect. 72. 837-40 (1951) - Ref. C.A. 46. 6466i (1952).

Die Starrheit von Stärkepasten. Brimhall, Bernadine und Hixon, R.M. Ind.Engng.Chem.analyt.Edit. 11. 358-61 (1939) - Ref. C. 1940. I. 840.

Konsistenzänderungen in Stärkepasten. Tapioka-Mais-,Weizen-, Kartoffel- und Batatenstärke. Caesar, G.V. und Moore, E.E. Ind. Engng.Chem. 27. 1447-51 (1935) - Ref. C. 1936. I. 3416.

Plastometrische Untersuchungen an hochkonsistenten Substanzen. II. Verwendung des Halbkugelplastometers zur Bestimmung von Scherkurven und Ermittlung von absoluten Scherkonstanten. Ungar, Georg Kolloid-Z. 69. 164-72. (1934) - Ref. C. 1935. I. 1190.

Plastometrische Untersuchungen an hochkonsistenten Substanzen. I.Konstruktion eines Plastometers. Ungar, Georg Kolloid-Z. 69. 30-35 (1934) - Ref. C. 1935. I. 535.

Einige Eigenschaften von Stärke und Dextrin. Caesar, G.V. Amer. Dyestuff Reporter 21. 278-80 (1932) - Ref. C. 1932. II. 1245.

Konsistenzänderungen in Stärkepasten. Caesar, G.V. Ind.Engng.Chem. 24. 1432-35 (1932) - Ref. C. 1933. I. 1036.

Über die Elastizität von Flüssigkeiten. Arcay, G.P. und Etienne, P. C.R.hebd.Séances Acad.Sci. 185. 700-02. (1927) - Ref. C. 1928. I. 172.

Die Elastizität und Zugfestigkeit von Stärke. Neale, Maurice Sidney J. Texztile Inst. 15. T. 443-52 (1924) - Ref. C. 1926. I. 1485. W.Ref. 1296.

Über eine Methode zur Bestimmung der relativen Steifheit einer durch Einwirkung kochenden Wassers auf Mehl oder Stärke erzeugten Paste. Thomson, W. J.Soc.chem.Ind. 5. 143-145 (1886) - W. Ref. 1305.

873. Sonstiges

Experimenteller Beitrag zur Charakteristik wässeriger Stärkelösungen. Messung mittels der Svedbergschen Ultrazentrifuge. Lamm, Ole Kolloid-Z. 69. 44-56 (1934) - Ref. C. 1935. I. 401.

Über die mechanische Verflüssigung des Stärkekleisters. Petit, P. und Richard C.r.d.l'Acad.des Sciences 182. 657-59 (1926) - Ref. C. 1926. I. 3027.

88. Optische Untersuchungen von Solen und Gelen

880. Allgemeines
881. Lichtstreuung, Trübungsmessung
882. Strömungsdoppelbrechung
883. Optische Drehung
884. Röntgenographische Untersuchungen
885. Mikroskopische Untersuchungen
886. Polarisation und Depolarisation
887. Sonstiges

880. Allgemeines

Über einige optische Erscheinungen in Suspensionen von Kartoffelstärke in Benzol. Nasarow, W.I. Kolloid.J.(russ.) 4. 439-41 (1938) - Ref. C. 1939. I. 4404.

Bemerkung über die optischen Eigenschaften der Blattgelatine. Bertin, A. Ann.Chim.Phys. 15. Sér. 5; 129-132 (1878) - W.Ref. 1200.

Über die verschiedenen Zuckerarten und verwandte Verbindungen, in Beziehung auf ihr optisches Verhalten und dessen praktische Anwendung. Ventzke, K. J.prakt.Chem. 25. 65-84 (1842) - W.Ref. 2439.

881. Lichtstreuung, Trübungsmessungen

Zur Lichtstreuung an Lösungen verzweigter Makromoleküle. 1.Mitt. Theorie. Ruscher, Ch. und Dautzenberg, H. Faserforsch. u. Textiltechnik 16. 1-7 (1965) - Ref. C. 1966. 7-1097.

Streulichtmessungen an wäßrigen Lösungen synthetischer und natürlicher Amylose. Burchard, W., Husemann, E. und Pfannemüller, B. Makromolekulare Chem. 52. 242-45 (1962) - Ref. C. 1965. 7/8 - 1135.

Untersuchungen über Amylose und ihre Derivate. 2.Mitt. Lichtzerstreuungs- und Viscositätsuntersuchungen an Amyloseacetat in verdünnter Lösung. Cowie, J.M.G. J.Polymer Sci. 49. 455-71 (1961) - Ref. C. 1962. 17780.

Lichtstreuungs-Methoden für die chemische Charakterisierung von Polymeren. Peaker, F.W. Analyst 85. 235-44 (1960) - Ref. Stärke 13. 62 (1961).

Lichtstreuungsuntersuchungen an Kartoffelamylopektin. Witnauer, L.P., Senti, F.R. und Stern, M.D. J.Polymer Sci. 16. 1-17 (1955) - Ref. C. 1956. 8926, C.A. 49. 140501 (1955).

Weitere Studien über Amyloseaggregate mittels Trübungsmessung. Teilchengewichte unter verschiedenen Bedingungen. Paschall, E. F. und Foster, J.F. J.Polymer Sci. 9. 85 - 92 (1952) - Ref. Stärke 4. 268 (1952) - C. 1953. 1660.

Untersuchung über den Aggregationszustand von Amylose in wässrigen Lösungen mittels Trübungsmessung. Paschall, E.F. und Foster, J.F. J.Polymer.Sci. 9. 73-84 (1952) - Ref. Stärke 4. 268 (1952).

Einfluss und Berücksichtigung der Tyndallstreuung bei der Bestimmung der konsumptiven Lichtabsorption. Messungen an Actomyosin, F- und G-Actin, Seidenfibroin und Gelatine. Treiber, Erich und Schauenstein, Erwin. Z.Naturforsch. 4b. 252-57 (1949) - Ref. C. 1950. II. 1131.

Die molekulare Lichtstreuung durch Lösungen von Glykogen und von Dextrin. Putzeys, E. und Verhoeven, L. Recueil Trav.chim. Pays-Bas 68. 817-26 (1949) - Ref. C. 1950. II. 58.

Verkleisterung und Identifizierung von Stärken. Morgan, Willard L. Ind.Engng.Chem.,analyt.Edit. 12. 313-17 (1940) - Ref. C. 1941. I. 2332.

Über die Lichtstreuung in Lösungen von Hochmolekularen. Lotmar, W. Helv.chim.Acta. 21. 953-84 (1938) - Ref. C. 1939. I. 1149.

Kritische Bemerkung zu der Abhandlung von B. Coban: "Die longitudinale Lichtstreuung nach Plotnikow, untersucht an Verbindungen der aliphatischen Reihe und an Stärkelösungen." Vrkljan, V.S. Acta physica polon. 4. 325-27. - Ref. C. 1938. I. 4583.

Die longitudinale Lichtstreuung nach Plotnikow, untersucht an Verbindungen der aliphatischen Reihe und an Stärkelösungen. Coban, Boris Acta physica.polon. 4. 1-16. - Ref. C. 1937. II. 1945.

Über einen mit Hilfe des Tyndalllichtes aufgefundenen Schütteleffekt in Celluloselösungen und anderen Solen. Herzog, R.O., Kratky, O. und Petertol, E. Trans Faraday Soc. 29. 60-64 (1933) - Ref. C. 1933. I. 2067.

Die Lichtstreuung in Caseinsolen. Holwerda, B.J. Rec.Trav.chim. Pays-Bas 50. 601-09 (1931) - Ref. C. 1931. II. 825.

Über nephelometrische Untersuchungen an Stärkehydrosolen. Ein Beitrag zur Frage der nephelometrischen Verdünnungsgesetze. Ritter, F.H. Biochem.Z. 192. 337-50 (1928) - Ref. C. 1928. I. 2584.

882. Strömungsdoppelbrechung

Strömungsdoppelbrechungsverhalten einiger Amylopektine und Grenzdextrine. Stacy, C.J. und Foster, J.F. J.Polymer.Sci. 20. 67-74 (1956) - Ref. C.A. 51. 7104 h (1957), C. 1957. 11320.

Verhalten der Strömungsdoppelbrechung einiger unterfraktionierter Amylosepräparate. Foster, J.F. und Zucker, D. J.physic.Chem. 56. 174-77 (1952) - Ref. C. 1952. 7778.

Aufbau und Leistung einer photoelektrischen Schaltung zur Messung von Strömungsdoppelbrechung und -dichroismus. Zucker, D., Foster, J.F. und Miller, G.H. J.physic.Chem. 56. 166-70 (1952) - Ref. C. 1952. 7778.

Untersuchung der Strömungs-Doppelbrechung von Amyloselösungen. Foster, J.F. und Lepow, I.H. J.Amer.chem.Soc. 70. 4169-73 (1948) - Ref. C. 1948. E. 2392.

Studien über Pflanzenkolloide. 50. Versuche zum Nachweis der Strömungsdoppelbrechung von Stärkesubstanzen. Peterlin, Anton und Samec, M. Kolloid-Z. 109. 96-99 (1944) - Ref. C. 1945. II. 654.

Über hochpolymere Verbindungen. 43.Mitt. Über die Strömungsdoppelbrechung der Molekülkolloide. Signer, R. Z.physikal.Chem.Abt.A. 150. 257-84 (1930) - Ref. C. 1930. II. 3135.

883. Optische Drehung (Polarimetrie)

Photoelektrische Polarimetrie und trübe Lösungen. Carroll, B. in: Whistler, R.L. u.a., Methods in Carbohydrate Chem. Vol. IV., Academic Press 1964. S.139-146.

Bestimmung der optischen Drehung. Für die Bestimmung der Konzentration und des Stärkegehaltes von Mais. Dimler, R.L. in: Whistler, R.L. u.a., Methods in Carbohydrate Chem. Vol.IV., Academic Press 1964. S.133-139.

Die Abhängigkeit zwischen der spezifischen Drehung und dem Gehalt an reduzierenden Stoffen in Produkten einer unvollständigen Hydrolyse der Stärke. Archipowitsch, N.A. Arb.Kiewer technol. Inst.Lebensmittel-Ind.(russ.) 1962, 25 u. 50-55. Ref.J.Chem. (russ). 1963. 18 R253.

Spezifische Drehung von Stärke und ihren Abbauprodukten bei einer Hydrolyse mit Salzsäure und Aluminiumchlorid. Knjaginitschew, M.I. und Bolchowitina, Ju.R. Biochemie (russ.) 27. 9-14 (1962) - Ref. C. 1962. 13794, C.A. 57. 3765b (1962), Stärke 14. 299 (1962).

Unterschungen auf dem Gebiet der physikalischen Chemie der Kartoffelstärke. 2.Mitt. Die spezifische Drehung von Kartoffelstärke verschiedener Herkunft. Samotus, B. Roczniki Technologii i Chemii Żywności (Ann.Food Technol.Chem.) 7. 109-25 (1961) - Ref. Stärke 14. 192 (1962), C. 1962. 11401.

Die spezifische Drehung der Stärke in verschiedenen Lösungsmitteln. Knjaginitschew, M.I. und Bolchowitina, Ju.R. Nachr. höherer Lehranst. Lebensmittel-Technol.(russ.) 1960. Nr. 1. 37-42. - Ref. J.Chem.(russ.) 1960. Nr. 75068, C.A. 54. 15739b (1960), C. 1961. 154, Stärke 13. 57 (1961).

Spezifische Drehung von Getreide- und Leguminosenstärken. Patel, R.D., Patel, R.P. und Patel, R.S. Cereal Chem. 37. 500-02 (1960) - Ref. C.A. 55. 2153c (1961), Stärke 13. 183 (1961), C. 1961. 18534.

Der Einfluss von Natriumborat auf die optische Drehung von Zuckern. Hughes, R.C. und Whelan, W.J. Chem. and Ind. 1959. 50. - Ref. Stärke 11. 182 (1959).

Die Wirkung von basischer Bleiacetatlösung auf die optische Drehung (Polarisation) von Lösungen von Saccharose, Lävulose und Dextrose und verschiedene Mischungen dieser Lösungen. Gaskin, J.G.N.und Mesley, R.J. Int.Sugar J. 60. 65-71 (1958) - Ref. C. 1959. 12076.

Die Rotationsdispersion stärkeartiger Polysaccharide und ihrer Triester. Wolff, I.A., Watson, P.R. und Rist, C.E. J.Amer.chem. Soc. 74. 3064-66 (1952) - Ref. C. 1953. 3895, C.A. 48. 2610b (1954).

Polarimetrische Bestimmung von Stärke in Getreideprodukten. 3.Mitt. Zusammensetzung und spezifische Drehung von Stärken in Bezeihung zu ihrer Herkunft und ihrer Art. Clendenning, K.A. und Wright, D.E. Cand.J.Res., Sect. B. 23. B131-38 (1945).

Reversible Wirkung von Stannichlorid auf das Drehungsvermögen von Stärkedispersionen. Hoffpauir, Caroll L. und Guthrie, John D. J.Amer.chem.Soc. 67. 1225-26 (1945) - Ref. C. 1947. 183.

Die spezifische Drehung von Weizen- und Leguminosenstärke. Knjaginitschew, M.I. und Palilowa, J.K. Biochemija 4. 423-33 (1939) - Ref. C. 1940. I. 72.

Änderung der optischen Drehung der Glucose in verdünnten Borsäurelösungen. Tang, P.S. und Sung, P.N. Nature (London) 137. 275 (1936) - Ref. C. 1936. I. 3693.

Spezifische Drehung und Phosphatgehalt der in kaltem Wasser löslichen Fraktionen von gemahlener Roggen- und Weizenstärke. Field, John Proceed.Soc.exp.Biology and Medicine 25. 711-12. (1928) - Ref. C. 1929. II. 1397.

Beziehungen zwischen Drehungsvermögen und Struktur in der Zuckergruppe. 11.Mitt. Vergleich der Drehungen von Amylobiose, Amylotriose und Glucose. Hudson, C.S., Pringsheim, H. und Leibowitz, J. J.Amer.chem.Soc. 48. 288-91 (1926).

Über die Beziehung zwischen optischem Drehungsvermögen und Struktur in der Polysaccharid-Chemie. Pringsheim, H. und Leibowitz, J. Ber.dtsch.chem.Ges. 58. 2808-2814 (1925) - Ref. C.A. 20. 1390 (1926), W.Ref. 504.

Die Beziehung zwischen der optischen Drehung und der Vergärbarkeit der durch Säure umgewandelten Stärkeprodukte. Defren, G. 8. Int.Congr.appl.Chem.,Washington and New York, Orig.Commun. 14. 67-70 (1912) - Ref. C.A. 6. 3155 (1912), W.Ref. 116.

Bemerkungen über handelsübliche Dextrine. Rolfe, G.W. 8. Int. Congr.appl.Chem., Washington and New York, Orig.Commun. 13. 237-245 (1912) - Ref. C.A. 6. 3033 (1912), W.Ref. 1966.

Die kolloidalen Eigenschaften der Stärke in Beziehung zu ihrer chemischen Konstitution. Fouard, E. C.R.hebd.Séances Acad.Sci. 148. 502-505 (1909) - Ref. C. 1909. I. 1091, W.Ref. 999.

SpezifischenDrehung der Maltose und der löslichen Stärke. Brown, H.T., Morris, G.H. und Millar, J.H. J.chem.Soc. (London) 71. 109-114 (1897) - Ref. C. 1897. I. 366, W.Ref. 1221.

Über den Grund der Veränderung des Drehungsvermögens in gewissen Auflösungen optisch aktiver Körper, nebst Zeit und Verdünnung und über das Drehungsvermögen von gegenwärtig amorphen Substanzen. Béchamp, A. Bull.Soc.chim.Paris 9. Sér.3; 511-529 (1893) - W.Ref. 1217.

Einwirkung von alkalischem Quecksilberzyanid auf Maltose, Dextrose und Dextrin. Wilson, J.A. Chem.News 65. 169 (1892) - Ref. C. 1892. I. 831, W.Ref. 699.

Über Multipla in dem optischen Drehungsvermögen der Kohlehydrate. Thomsen, Th. Ber.dtsch.chem.Ges. 13. 2168-2169 (1880) - W. Ref. 683.

884. Röntgenographische Untersuchungen
(Vgl. auch "Alterung (Retrogradation)": 862)

Umwandlungserscheinung in Stärke-Gelee-Zuckerwaren. Sterling, C. Food Research 22. 184-91 (1957) - Ref. C.A. 51. 17016f (1957) Stärke 10. 184 (1958), C. 1959. 11092.

Röntgenbeugungsuntersuchungen an Chapati während des Backens und der Aufbewahrung. Parihar, D.B. und Chatterji, A.K. J.sci.ind. Res. (New Delhi), Sect. C. 15. 115-17 (1956) - Ref. C.A. 50. 16146f (1956), C. 1957. 10353.

Quantitative Untersuchung der Röntgenstrahlenbeugung durch "amorphe"Polymere und andere nichtkristalline Substanzen. Hermans, P.H. und Weidinger, A. J.Polymer Sci. 5. 269 - 81 (1950) - Ref. C. 1953. 7563.

Röntgenbeugungsuntersuchungen an synthetischen Polysacchariden. Bear, R.S. und Gori, Carl F. J.biol.Chemistry 140. 111-18 (1941) - Ref. C. 1942. I. 736.

Einige Bemerkungen zu den Röntgenbeugungsbildern von organischen Flüssigkeiten. Tanaka, Shinsuke und Muro, Zensuke Proc.physic-math.Soc.Japan (3) 17. 548-555 (1935) - Ref. C. 1936. I. 3663.

Über die Erforschung kolloider Substanzen mittels Röntgen- und Elektronenstrahlen. Wiegel, E. Z.Spiritusind. 57. 267 (1934).

Röntgenographische Untersuchungen. II. Einige kolloidale Lösungen und flüssige Mischungen. Krishnamurti, P. Indian J.Physics 5. 489-99 (1930) - Ref. C. 1931. I. 410.

885. Mikroskopische Untersuchungen

Elektronenmikroskopische Untersuchungen von Aggregaten der Amylose und des Amylopektins aus Kartoffelstärke. Ceh, M. und Marinkovič, V. Stärke 15. 125-28 (1963) - Ref. C. 1964. 16-2703. C.A. 60. 6132g (1964).

Die Untersuchung von Stärkelösungen mit dem Phasenkontrast-Mikroskop. Bechtel, W.G. Cereal.Chem. 28. 29-39 (1951) - Ref. Stärke 3. 268 (1951), C. 1951. II. 2958.

Studien über Pflanzenkolloide. XX. Mitt. Verhalten der Stärkesole im Dunkelfeld. Samec, M. Biochem.Z. 195. 40-71 (1928) - Ref. C. 1928. II. 740.

Über die ultramikroskopische Struktur von Stärkekleister und seiner Konstituenten. Gatin-Gruzewska, Z., Mayer, A. und Schäffer, G. C.R.Séances Soc.Biol.Filiales Associées 64. 599-601 (1908).

Über ultramikroskopische Untersuchung von Lösungen der Albuminsubstanzen und Kohlhydrate und eine neue optische Methode der Eiweißbestimmung bei Albuminurie. Raehlmann, E. Münchener med.Wschr. 50. 2089-2090 (1903) - Ref. C.1904. I. 321, W.Ref. 1231.

886. Polarisation und Depolarisation

Über die Höhe der Streuung polarimetrischer Messungen von Stärke-Lösungen. Thomas, B. und Winkler, S. Stärke 17. 227-29 (1965).

Die Depolarisation des Streulichts in Lösungen linearer und verzweigter Polysaccharide. Rao, V.S.R. und Foster, J.F. J.Polymer Sci. Part A. 1. 289-300 (1963) - Ref. C. 1963. 18105. C.A. 58. 11561d (1963).

Die Anwendung des polarisierten Lichts in der Futtermittelmikroskopie. 2.Mitt. Die Anwendung des polarisierten Lichts für die Unterscheidung und Beurteilung der in Futtermitteln vorkommenden Stärkearten. Huss, W. Landwirtsch.Forsch.14. 104-21 (1961) - Ref. C.A. 55. 27676h (1961), Stärke 14. 67, 191 (1962), C. 1963. 2265.

Depolarisation von polarisiertem Licht durch Suspensionen von Lycopodium, Stärke und Ambra. Boutaric, A. und Berthier, P. C.R. Séances Soc.Biol.Filiales 141. 98 (1947).

Änderungen der durch Suspensionen und kolloidale Lösungen in Abhängigkeit von ihrer optischen Dichte hervorgerufenen Polarisation. Boutaric, Augustin und Berthier, Paulette C.R.hebd. Séances Acad.Sci. 224. 382-83 (1947) - Ref. C. 1947. 1166.

Longitudinale Depolarisation durch eine Stärke-Suspension. Procopiu, Stefan Kolloid-Z. 109. 95 (1944).

Die Depolarisation bei auf verschiedene Temperaturen erwärmten Stärkesuspensionen. Boutaric, A. und Chapeau, M. J.Chim. physique Physico-Chim.biol. 39. 73-76 (1942) - Ref. C. 1943. I 255.

Depolarisation des Lichtes beim Durchgang durch kolloidale Lösungen von Stärke, Cellulose und Holz. Calinicenco, N. Ann.sci. Univ.Jassy,Sect.I. 26. 467-508 (1940) - Ref. C. 1941. II. 1128.

Über die Depolarisation des Lichtes beim Durchtritt durch kolloide Suspensionen von Stärke sowie solcher von Cellulose und Holz und die Beziehung zur krystallinen Struktur der betreffenden Stoffe. Caliniceco, N. Ann.sci.Iniv.Jassy,Part.I. 26. Nr.2. 5-46 (1940) - Ref. C. 1940. II. 3014.

Depolarisation des Lichtes an groben Suspensionen. Boutaric, A. und Breton, J. J.Physique Radium (7) 10. 176-80 (1939) - Ref. C. 1939. II. 811.

Depolarisation des Lichtes, das Stärkesuspensionen durchsetzt. Calinicenco, Nicolai C.R.hebd.Séances Acad.Sci. 208. 1807. (1939) - Ref. C. 1939. II. 3268.

Depolarisation des Lichtes beim Durchgang durch Stärkesuspensionen. Calinicenco, N. C.R.Inst.Sci.Roum. 3. 481-88 (1939).

887. Sonstiges

Strukturänderungen einiger hydrophiler Kolloide unter dem Einfluß von chemischen Stoffen, erkennbar an der Lichtabsorption im Ultraviolettgebiet. Popow, I.D. und Duschew, A. Bull.Mehodi Popoff Inst.Biol. 9. 175-87 (1958) (bulg.) - Ref. C. 1963. 946.

Die Massenspektrometrie organischer Verbindungen in der Strukturanalyse von Kohlenhydraten. Heyns, K. Stärke 18. 261-74 (1966).

Das Amyloskop. Winkler, S. und Luckow, G. Stärke 17. 331-333 (1965).

Spektroskopie wäßriger Lösungen von Carbohydraten. 1.Mitt. Infrarotspektren von Mono- und Disacchariden. Afanassjew, M.L. und Streltzowa, I.F. J.physic.Chem.(russ.) 39. 110-15 (1965) - Ref. Stärke 18. 300 (1966).

Spektrophotometrische Unterschung wässriger Lösungen von Jodstärke und Jodamylose. Mochnatsch, W.O. und Russakowa, N.M. Ber.Akad. Wiss.UdSSR.(russ.) 135. 1143-46 (1960) - Ref. C. 1962. 17058.

Verbreiterung der Wasserprotonenlinie in kernmagnetischen Resonanzspektren mit hoher Auflösung von Stärkekleistern. Collison, R. und MacDonald, M.P. Nature (London) 186. 548-49 (1960)- Ref. C. 1961. 5103.

Ultraviolettabsorption alkalisch behandelter Kohlenhydratlösungen. Macmillan,Duncan und Melvin, Eugene H. Science (New York) 107. 447-49 (1948) - Ref. C. 1948. E. 1434.

Über die Anwendung der Formel von Lord Rayleigh auf die Berechnung der optischen Dichte von Stärkesuspensionen in verschiedenen Flüssigkeiten. Boutaric, Augustin und Chapeau, Madeleine Rev.sci. 79. 574-575 (1941) - Ref. C. 1943. I. 1980.

Untersuchung von Mehlen im filtrierten ultravioletten Licht. Karácsonxi, L. Z.ges.Getreide-Mühlenwesen 19. 69-72 (1932) - Ref. C. 1932. II. 142.

Studien über die Bildung von Liesegangschen Ringen. Roy, S. Kolloid-Z. 54. 190-93 (1931) - Ref. C. 1931. I. 2324.

Über den Einfluss der Desaggregierung auf die Eigenfluorescenzkomplexer Naturstoffe. Pringsheim, H. und Gerngroß, Otto Ber.Dtsch.Chem.Ges. 61. 2009-11 (1928) - Ref. C. 1928. II. 1978.

Unterschiede zwischen photochemischen und photodynamischen Erscheinungen. Viale, G. Arch.italiennes Biol. 73. 19-23 (192 4) W.Ref. 815.

Über das räumliche Fortschreiten photochemischer Reaktionen in Gallerten. Benrath, A. und Schaffganz, K. Z.physik.Chem. 103. 139-154 (1923) - Ref. C.A. 17. 928 (1923), W.Ref. 1286.

Die quantitative Bestimmung der Fluorescenzkräfte (der Spektro-Fluorescometrie) von Cellulose, Zuckern und anderen Substanzen. Lewis, S.J. J.Soc.Dyers Colourists 38. 68-76, 99-108 (1922) - Ref. C.A. 16. 2807 (1922), W.Ref. 1281.

Über die Bestimmung der Konzentration kolloidaler Lösungen mittels des neuen Flüssigkeitsinterferometers. Marc, R. Chemiker-Ztg. 36. 537-540 (1912) - W.Ref. 1246.

Einige Beobachtungen über die Brechungsexponenten verschiedener Stärkesorten. Ott, E. Österr.bot.Z. 49. 313-317 (1899) - W. Ref. 1224.

Theoretische Untersuchungen über elastische Körper und Licht. Glan, P. Ann.Chem.Phys. 59. 155-179 (1896) - W.Ref. 1220.

Optische Eigenschaften der Stärke. Baily, W. Philos.Mag. 2. Ser.5; 123-126 (1876) - W.Ref. 1198.

89. Elektrochemische und elektrische Untersuchungen

890. Allgemeines
891. Leitfähigkeit
892. Dielektrische Eigenschaften
893. Polarographie
894. Sonstiges

890. Allgemeines

Einige Anwendungen elektrometrischer Methoden bei der Untersuchung der Stärkekomponenten. Bates, F.L. Iowa State Coll.J. Sci. 19. Nr.1. 6 (1944).

Vergleichende elektrochemische Untersuchungen an einigen hochgereinigten lyophilen Solen. Pauli, W., Szper, J. und Szper, St. Kolloid-Z. 82. 335-44 (1938) - Ref. C. 1938. II. 2709.

Kolloide Stärkeionen. Sameo, M. Trans.Faraday Soc. 31. 395-411 (1935)- Ref. C. 1936. I. 295.

Elektrolytische Untersuchungen. Brester. A. Arch.néerl.Sci. exact.natur. 1. 296-304 (1866) - W.Ref. 669.

891. Leitfähigkeit

Elektrolytische Leitfähigkeit in Gelen von Weizenstärke. Collison, R. Stärke 16. 184-86 (1964) - Ref.J.Chem.(russ.) 1965. 4 R326, C. 1965. 12-2970.

Elektrische Leitfähigkeit und Dielektrizitäts-Konstante von Amylopektinlösungen. Kaban, A.P. und Kurilenko, O.D. Hochschulnachr.,Nahrungsmittel-Technol.(russ.) 1960. Nr.1. 43-47 - Ref. Stärke 13. 185 (1961).

Zur Elektrochemie der Stärke. 3.Mitt. Die elektrische Leitfähigkeit von Stärkelösungen bei verschiedenen Bedingungen der Verkleisterung und Alterung. Schulman, M.Ss. Kolloid-J.(russ.) 15. 216-18 (1953) - Ref. C. 1954. 9305, C.A. 47. 9108f (1953).

Zur Elektrochemie der Stärke. 1.Mitt. Elektrische Leitfähigkeit von Kartoffelstärkelösungen. Schulman, M.Ss. und Lipatow, Ss. M. Kolloid-J. (russ.) 13. 383-87 (1951) - Ref. C. 1952. 4621.

Die elektrische Leitfähigkeit von Kartoffelstärke, die in Lösungen starker Säuren suspendiert ist. Dykyj, J. Chem.Listy Vědu Průmysl 40. 2-6 (1946) - Ref. C. 1946. II. 1812.

Leitfähigkeit und Aschegehalt von Stärkeerzeugnissen. Kröner, W. und Kothe, H. Vorratspfl.u.Leb.mittelforsch. 2. 415-20 (1939) - Ref. C. 1939. II. 2719.

Die elektrische Leitfähigkeit und die Viscosität von Salzen, die in Kohlehydraten oder Glycerin gelöst sind. Dedek, J. und Dykyj, J. Coll.Trav.chim.Tchécoslovaquie 8. 261-87 (1936) - Ref. C. 1936. II. 2681.

Wirkung der Nichtelektrolyte auf die elektrische Leitfähigkeit wässeriger Elektrolytlösungen. Wolkow, K. und Almasow, A. ukrain.: Naukowi Sapiski Kiiwski Nr. 1. 191-205 (1935) - Ref. C. 1937. II. 20.

Die elektrische Leitfähigkeit von kolloidalen Lösungen bei hohen Frequenzen. Curtis, Howard J. und Hugo Fricke Physic.Rev.(2) 48. 775 (1935) - Ref. C. 1936. I. 1386.

Untersuchung der elektrischen Leitfähigkeit einiger Polysaccharide als Funktion der Zeit und der spontanen Fällung. Gruzewska, Z. J.chim.Physique 27. 163-67 (1930) - Ref. C. 1930. II. 203.

Die Wirkung von Zusatzmitteln auf die Leitfähigkeit, kathodische Polarisation und auf die Korngrösse bei Abscheidungen aus der Zelle $Cu/CuSO_4$, H_2SO_4/Cu. Clark, B. und Jones, E.O. Trans. Faraday Soc. 25. 583-620 (1929) - Ref. C. 1930. II. 879.

892. Dielektrische Eigenschaften

Über die Dielektrizitäts-Konstante von Stärkelösungen. Edwards, R.V. und Hoelscher, H.E. Stärke 16. 321-24 (1964) - Ref.J. Chem.(russ.) 1965. 8 R315. C. 1965. 41-2879, C.A. 62. 723b (1965).

Über die dielektrische Konstante von Stärkelösungen. Edwards, R. Thesis 1964. John Hopkins Univ., Baltimore, Maryland.

Die Untersuchung der dielektrischen Eigenschaften wässeriger Lösungen von Amylose. Kurilenko, O.D. und Kaban, A.N. Hochschulnachr. Nahrungsmittel-Technol.(russ.) 1959. Nr.1. 32-36. - Ref. J.Chem.(russ.) 1960. Nr. 6790, Stärke 13. 185 (1961), C. 1962. 16159.

Dielektrische Eigenschaften von Stärke. 1.Mitt. Audiofrequenzbereich. 2.Mitt. Hochfrequenzverlustprozeß. Ono, S., Kuge, T. und Koizumi, N. Bull.Chem.Soc.Japan 31. 34-40, 40-45 (1958) - Ref. Stärke 10. 265 (1958), C.A. 52. 13347f,i (1958).

Dielektrische Adsorptions-Isothermen makromolekularer Substanzen. Hanna, Bahga, Makromolekulare Chem. 25. 233-36 (1958) - Ref. C. 1959. 5498.

Übergang vom Hertzschen Gebiet zum Infrarot und vom Infrarot zum Hertzschen Gebiet. Abadie, P., Charbonniere, R., Gidel, A. Girard, P. und Guilbot, A. J.Chim.physique Physico-Chim.biol. 54. 235-38 (1957) - Ref. C. 1958. 10669.

Dielektrische Dispersion von Amylopektinacetat-Trikresylphosphat-Systemen. Ferraro, Ch.F. und Maurer, John J. J.Physic.Chem. 60. 382-84 (1956) - Ref. C. 1957. 4129, C.A. 50. 9807d (1956).

Ein Vergleich des Verhaltens der dielektrischen Dispersion von Maisamylose und -amylopektin-Acetaten. Ferraro, Ch.F., Maurer, John J. und Zagar, W.T. J.Polymer Sci. 21. 427-36 (1956) - Ref.C.A. 51. 15978i (1957), C. 1958. 8354.

Berechnung der Wirkung der Umgebung auf die Rotation einer auf dielektrische Absorption der Cellulose und der Stärke wirksamen Hydroxylgruppe. Abadie, P., Charbonnière, R., Gidel, A. Girard, P. und Guilbot, A. C.R.hebd.Séances Acad.Sci. 241. 1137-39 (1955) - Ref. C. 1958. 13515, C.A. 50. 11751e (1956).

Die dielektrischen Absorptionsspektren von Cellulose, Stärke und ihrer zugehörigen Zucker. Abadie, P., Charbonniere, R., Gidel, A., Girard, P. und Guilbot, A. Compt.Rend.Acad.Sci. 240. 1772-76 (1955) - Ref. Stärke 7. 222 (1955), C. 1956. 9195, C.A. 49. 12131e (1955).

Zur Messung der Dielektrizitätskonstanten von Pulvern mit Adsorptionsvermögen. Oehme, F. Z.Naturforsch. 10.b. 725-27 (1955). - Ref. C. 1957. 5294.

Untersuchungen auf dem Gebiete der Stärkestruktur. 4.Mitt. Dielektrische Eigenschaften von nativer und dispergierter Stärke. Schulman, M.Ss. und Lipatow, Ss.M. Kolloid-J.(russ.) 16. 470-73 (1954) - Ref. C. 1956. 3882, C.A. 49. 9308d (1955).

Über die dielektrischen Eigenschaften der Stärke. 2.Mitt. Die komplexe Dielektrizitätskonstante bei hohen Frequenzen. Koizumi, N., Ono, S. und Kuge, T. Bull.Inst.chem.Res. Kyoto Univ. 22. 80 (1950) - Ref. C. 1950/54. 3222 S.

Über die dielektrischen Eigenschaften der Stärke. 1.Mitt. Das Verhalten des durch Stärke absorbierten Wassers im Ultrahochfrequenzfeld. Koizumi, Naokazu und Ono, Sozaburo Bull.Inst.chem. Res., Kyoto Univ. Kagaku Kenkyusho Hokoku 20. 47-48 (1950) - Ref. C. 1952. 1663.

Anwendung der Dispersion der Dielektrizitäts-Konstanten zur Bestimmung der Hydrophilität von Stärkesolen. Dumanski, A.W. und Kurilenko, O.D. Kolloid J.(russ.) 11. 67-72 (1949) - Ref. C. 1950. I. 880.

Anwendung der Dispersion der Dielektrizitätskonstante zur Bestimmung der Hydrophilie eines Stärkesols. Dumanski, A.W. und Kurilenko, O.D. Ber.Akad.Wiss.UdSSR(russ.) 60. 1197-99 (1948) - Ref. C. 1949. E. 6620.

Die dielektrischen Eigenschaften von Hochpolymeren. Lipatow, Ss. M. und Schulman, M.Ss. Kolloid-J.(russ.) 8. 452 (1946).

Dielektrische Messungen an Kolloiden. Kruyt, H.R. und Kunst, H. Kolloid-Z. 91. 1-10 (1940) - Ref. C. 1940. II. 1405.

Dielektrische Messungen an hydrophilen Kolloiden. III. Messungen bei 0,857 m Wellenlänge. Kruyt, H.R. und Overbeek, J.Th.G. Kolloid-Z. 81. 257-69 (1937) - Ref. C. 1938. I. 3015.

Die dielektrischen Eigenschaften von Wasser-Dielektrikumgrenzflächen. Fricke, Hugo und Curtis, Howard J. J.physic.Chem. 41. 729-45 (1937) - Ref. C. 1937. II. 2648.

Die Dielektrizitätskonstante von lyophilen Kolloiden. Overbeek, J.Th.G. Natuurwetensch.Tidjschr. 18. 113-17 (1936) - Ref. C. 1936. II. 1862.

Bestimmung der Dielektrizitätskonstanten und des Diplomentes einiger Suspensionen und Gele. Shilenkow, I.W. Kolloid-J.(russ.) 1. 223-31 (1935) - Ref. C. 1936. II. 2869.

Über Wassergehalt und Dielektrizitätskonstante verschiedener Stärkearten. Wiegel, E. Z.Spiritusind. 57. 84-85 (1934).

Die neueste Bestimmungsmethode der Dielektrizitätskonstanten (DK.) und ihre Bedeutung für die Praxis. Büll, R. und Karsten, A. Metallbörse 24. 1033-35 (1934) - Ref. C. 1934. II. 2253.

Untersuchungen über die Dielektrizitätskonstante wasserhaltiger Stoffe. Tausz, J. und Rumm, H. Kolloid-Beih. 39. 58-104 (1933) - Ref. C. 1934. II. 730.

Dielektrische Eigenschaften und Struktur hydrophiler Kolloide. Marinesco, Nëda. Compt.rend.Acad.Sciensеs 187. 718-20 (1928) - Ref. C. 1929. I. 28.

Dielektrizitätskonstanten einiger wässriger Lösungen und ihre Deutung nach der Dipoltheorie von Debye. Fürth, R. Ann.Phys. 70. F.4; 63-80 (1923) - Ref. C.A. 17. 1579 (1923), C.1923. III. 336, W.Ref. 1288.

893. Polarographie

Die polarographische Untersuchung von Stärke und Dextrinen. Die polarographische Kontrolle der Glucosereinigung. Fey, L. und Gross, A. A 2-a sesiune a Inst.de cercetări chim.Farmac. Communicări (Bukarest) 1961. 160-64. - Ref.J.Chem.(russ.) 1962. 24 N473.

Neuere Beiträge zur Chemie der Stärkefraktionen. 9.Mitt. Untersuchung der Säurehydrolyse der Stärke mittels Dämpfung des polarographischen Sauerstoff-Maximums. Holló, J., Szejtli, J., Laszlo, E. und Friedmann, Z. Budapesti Müszaki Egyetem mezögazdasági kém. technol.Tanszékének Közleményei (Commun.Inst.agric. chem.Technol.Polytechn.Univ.,Budapest) 1961. 39-46. - Ref. C. 1962. 15061.

Theorie und Anwendungsmöglichkeiten der polarographischen Maximaunterdrückung. 6.Mitt. Makromolekulare kondensations- und reaktionskinetische Untersuchungen. Rusznák, I., Králik, I. und Fukker, K. Collect.czechoslov.chem.Commun. 26. 645-49 (1961) - Ref. C. 1962. 7548.

Polarographische Bewertung der Kartoffelstärke. 2.Mitt. Kopriva, B. Sborník Vysoké školy chemicko-technologické v Praze, Oddíl fakulty potravinářské technologie (Sci. Papers Inst.chem. Technol.Prague, Fac.Food Ind.) 4. Part 2. 357-64 (1960) - Ref. J.Chem.(russ.) 1962. 13 N324. Stärke 14. 33 (1962).

Neue Beiträge zur Chemie der Stärkefraktionen. 6.Mitt. Die Anwendung der Dämpfung des polarographischen Maximums des Sauerstoffes bei Stärkeuntersuchungen. Holló, J., Szejtli, J. und Laszló, E. Mitt.Landwirtsch.-Chem.-Technol.Lehrstuhls Budapester Techn.Univ. 1960. 1-6. - Ref. C. 1964. 23-2522.

Neuere Beiträge zur Chemie der Stärkefraktionen. 6.Mitt. Das polarographische Maximadämpfen in der Stärkeforschung. Holló, J., Szejtli, J. und Lászlo, E. Stärke 12. 131-37 (1960) - Ref.J. Chem.(russ.) 1961. 17 N314. C. 1961. 8865, C.A. 55. 3096h (1961).

Einfluß oberflächenaktiver Stoffe auf die polarographische Bestimmung von L-Ascorbinsäure. Davídek, J. und Manoušková, J. Průmysl Potravin 10. 96-98 (1959) - Ref. C. 1963. 17912.

Über die Absorptionsfähigkeit von Kohlenhydraten. Schulman, M.Ss. Kolloid-J. (russ.) 21. 638-39 (1959).

Über die polarographische Analyse der Kohlenhydrate. Schulman,M. Ss. Zucker-Ind.(russ.) 32. Nr.1. 35-37 (1958) - Ref. C. 1959. 15521, Stärke 12. 315 (1960).

Untersuchung der Adsorptionsfähigkeit von Kohlenhydratlösungen mittels der polarographischen Methode. Schulman, M.Ss. Kolloid-J.(russ.) 19. 384-86 (1957) - Ref. C. 1959. 14049, Stärke 12. 315 (1960), C.A. 51. 15308i (1961).

Polarographische Bewertung der Kartoffelstärke. 1.Mitt. Kopřiva, B.; Svoboda, A. und Zelenka, S. Sbornik Vysoké Skoly chemicko-technologické v Praze, Oddil fakulty potravinářské technologie (Sci. Papers Inst.chem.Technol.Prague,Fac.Food Ind.) 1. 283-92 (1957) - Ref. Stärke 9. 122 (1957), Ref.J.Chem.(russ.) 1960. Nr. 32627.

894. Sonstiges

Die Untersuchung des Einflusses der Kristallinität, des Verzweigungsgrades und des Wassergehaltes auf die Form der Linie der kernmagnetischen Resonanz einiger Polysaccharide. Glaskow, W.I. Hochmolekulare Verbind.(russ.) 5. 120-22 (1963) - Ref. C.A. 59. 1882a (1963), C. 1963. 21200.

Bestimmung von Wasserstoff in Flüssigkeiten und Suspensionen durch nucleare magnetische Absorption. Shaw, T.M. und Elsken, R.H. Analytic.Chem. 27. 1983-85 (1955) - Ref. C.A. 50. 7658c (1956).

Verhalten von kolloidem Arsentrisulfid und kolloider Stärke im Magnetfeld. Tanaevsky, O. C.R.hebd.Séances Acad.Sci. 231. 1301-02 (1950) - Ref. C. 1953. 7481.

Studien über den Einfluss des Aktivitätsfaktors von Elektrolyten auf Amyloselösungen. Samec, M. Rec.Trav.Chim. 65. 614-15 (1946) - Ref. C.A. 41. 1911 (1947),-C. 1946. 3825.

Anwendung elektrometrischer Methoden zur Untersuchung der Stärkekomponenten. Bates, F.L. Thesis, Iowa State College 1943.

Elektrocapillaranalyse. I. Die elektrische Ladung von arabischem Gummi in der Elektrocapillaritätserscheinung, ihre Größe und Differenz im Verhältnis zu Graganth-,Kirschgummi und Dextrin. Broda, Boleslaw Acta polon.pharmac. 1. 20-24 (1937) - Ref. C. 1938. II. 889.

Elektrische Aufladung durch Zerstäubung wässeriger Lösungen. Nolan, J.J. und Gill, H.V. Philos.Magazine 6. 46. 225-244 (1923) - Ref. C. 1924. II. 11.

Über eine angebliche Synthese der Saccharose. Cazeneuve, P. und Linossier, G. Monit.sci.Dr.Quesneville 15. Sér.3; 783-785 (1885) - W.Ref. 691.

Hauptgruppe 8 : Kolloidchemie der Stärke und der Stärkelösungen

Schlagwortverzeichnis

(Die Ziffern entsprechen der Klassifikationseinteilung)

R

S

FSC
www.fsc.org
MIX
Papier | Fördert gute Waldnutzung
FSC® C083411

Zeitfracht Medien GmbH
Ferdinand-Jühlke-Straße 7
99095 Erfurt, Deutschland
produktsicherheit@kolibri360.de